机器人操作系统（ROS）入门必备

机器人编程一学就会

Robot Operating System for Absolute Beginners
Robotics Programming Made Easy

［印度］朗坦·约瑟夫（Lentin Joseph） 著

曾庆喜 朱德龙 王龙军 译

机械工业出版社

本书是针对机器人操作系统（ROS）初学者的入门教程，从基础的如何安装 ROS，到 ROS 的框架介绍和 C/C++、Python 编程基础概念介绍，直至完整搭建一个机器人项目，每一个部分都有详细的操作过程和相应实例代码，读者需要做的只是打开计算机并应用起来。

全书共分 6 章，分别为用于机器人的 Ubuntu Linux、机器人编程的 C++ 基础知识、机器人编程的 Python 基础、ROS 概述、基于 ROS 编程、基于 ROS 的机器人项目。

本书可供学习基于 ROS 的机器人编程的人员使用，也可作为高等院校相关专业学生的参考书。

First published in English under the title
Robot Operating System for Absolute Beginners: Robotics Programming Made Easy
By Lentin Joseph
Copyright © 2018 Lentin Joseph
This edition has been translated and published under licence from Apress Media，LLC.

北京市版权局著作权合同登记　图字：01-2018-4372 号。

图书在版编目（CIP）数据

机器人操作系统（ROS）入门必备：机器人编程一学就会/（印）朗坦·约瑟夫（Lentin Joseph）著；曾庆喜等译. —北京：机械工业出版社，2019.10（2024.7 重印）

书名原文：Robot Operating System for Absolute Beginners: Robotics Programming Made Easy

ISBN 978-7-111-64035-6

Ⅰ.①机…　Ⅱ.①兰…②曾…　Ⅲ.①机器人-操作系统-程序设计　Ⅳ.①TP242

中国版本图书馆 CIP 数据核字（2019）第 230683 号

机械工业出版社（北京市百万庄大街 22 号　邮政编码 100037）
策划编辑：孔　劲　责任编辑：孔　劲　张翠翠
责任校对：王　延　封面设计：张　静
责任印制：郜　敏
北京富资园科技发展有限公司印刷
2024 年 7 月第 1 版第 4 次印刷
169mm×239mm・11.5 印张・208 千字
标准书号：ISBN 978-7-111-64035-6
定价：79.00 元

电话服务　　　　　　　　网络服务
客服电话：010-88361066　　机　工　官　网：www.cmpbook.com
　　　　　010-88379833　　机　工　官　博：weibo.com/cmp1952
　　　　　010-68326294　　金　书　网：www.golden-book.com
封底无防伪标均为盗版　　　机工教育服务网：www.cmpedu.com

序一

很高兴《机器人操作系统（ROS）入门必备—机器人编程一学就会》这本书即将出版，我也非常荣幸为该书作序。我在美国卡耐基梅隆大学机器人研究所读博士的时候，与本书的作者 Lentin Joseph 以及译者曾庆喜教授和朱德龙博士在一起工作过。在他们离开实验室之后，我们也一直保持交流，因此我也很愿意为推广该书尽绵薄之力。我记得当时和他们一起合作了无人机的自动导航项目，他们对机器人有着丰富的实际工程经验和高度的研究热情，给我留下了深刻的印象，他们在机器人领域的专业知识也为本书的翻译提供了科学的指导。

ROS 经过十几年的发展，已经得到了极大的推广和应用，尤其是在学术界。卡耐基梅隆大学机器人研究所的大部分实验室都是基于 ROS 编程的，我现在所在的 Facebook Reality Lab 中，很多来自不同国家的研究人员也大多使用 ROS 编程。ROS 简单的接口、良好的通用性和扩展性，可以很轻松地让不同专业、具有不同编程能力的人一起合作开发大型机器人项目。例如，无人车及无人机系统的定位、建图、导航、控制等模块之间的通信都可以通过 ROS 来实现。

本书简单介绍了 C++ 面向对象编程和 Python 编程，详细讲解了 ROS 的框架和概念，并提供了实际的机器人案例分析，非常有助于机器人方向的初学者提高编程能力，从而快速参与并完成实际的科研项目。书中内容由浅入深，语言简单易懂，我看后也受益匪浅。

最后祝愿本书译者在机器人领域有更多研究成果，也祝愿本书读者从书中体会到机器人研究的乐趣。

Facebook Reality Lab 杨士超 博士
于美国西雅图

序二

多年来我一直跟曾庆喜教授团队合作开发各种用途的机器人,深切体会到曾教授对机器人教育教学的极大热情。收到曾教授的邀请,为他的译著作序,我感到很荣幸。

经过十多年的发展,ROS 已经得到了极大的推广和应用,由于其开源性以及友好的商用版权协议,大部分从事机器人研发的人员都在基于 ROS 开发机器人应用软件。ROS 的通信机制及算法架构使所开发的代码很容易进行重用,大大地减少了重复劳动的时间消耗,势必会受到越来越多人的青睐。

多年前我学 ROS 的时候,没有合适的中文版教材,只能看外文书籍,而且在学习这些教材之前,既要求具备 C++/Python 的开发基础,又要求熟悉 Linux 开发环境,入门的门槛较高。为此,我只能通过逛社区、查维基百科等方法来理解 ROS,走了很多弯路,前后花了近一年的时间来摸索基于 ROS 的开发方法,最终才将 ROS 应用到自己的机器人项目中。

在看了曾教授团队翻译的这本书后,我觉得这是一本非常适合初学者入门的图书。这本书从编程语言入门到系统架构的详细介绍,从理论基础到自己动手实践,从硬件架构到软件开发,涵盖了 ROS 学习过程中需要经历的各个方面,是 ROS 入门的必备书籍之一。我相信,通过阅读本书,读者可以很快地体验到 ROS 的乐趣。

最后,感谢曾教授团队为 ROS 推广所做出的努力,也希望越来越多的读者能够通过本书发现 ROS 世界的精彩。

罗普森机器人 技术总监 胡义轩

译者序

当前，机器人的新技术、新产品大量涌现，成为新一轮科技革命和产业变革的重要驱动力，既为发展先进制造业提供了重要突破口，也为改善人们生活提供了有力支撑。

ROS 是一个运行在 Linux 上的中间件，它能连接真正的操作系统和所写的程序。自 2004 年起，经过十几年的发展，ROS 已成为主流的机器人操作系统。官方将 ROS 解释为框架、工具、功能和社区。ROS 实际上相当于一个软件工具集，采用分布式架构，通信框架是其主要组成部分，可将多个单独设计的进程（节点）组合起来并同时运行。各节点可实现各种不同的功能，并通过 ROS 这一桥梁实现相互通信。这样的特点使其拓展性好，复用率高，极大地提高了庞大和冗杂的机器人设计过程的效率。ROS 能给开发人员提供可视化界面工具，包含诸如 Gazebo、Rviz 等用于仿真和调试的基本工具，以及各种基础程序包（控制、路径、规划等），只需在其上设计所要实现的特殊功能的部分并将它们组合起来即可。

本书风格简洁，是针对 ROS 零基础读者的入门教程，从基础的如何安装 ROS，到 C/C++、Python 编程基础概念，再到 ROS 的框架介绍，直至完整搭建一个机器人项目，每一个部分都有详细的操作过程和相应代码，对于初学者来说是一本不错的入门教材。

本书共分 6 章。第 1 章介绍了安装 Ubuntu 系统的方法，包括在 VirtualBox 虚拟机上安装和在实际的计算机上安装，同时还介绍了 Ubuntu 系统的基本使用方法和机器人编程中常用的 shell 命令。第 2 章介绍了机器人编程的 C++ 编程基础知识，主要包括如何使用 GCC 编译器编译代码，并通过实例具体阐述了 C++ 中面向对象（OOP）的概念。另外，第 2 章还描述了如何在 Ubuntu 中建立一个完整的 C++ 工程，以及编译 C++ 源代码。第 3 章介绍了 Python 编程语言的基础知识、Python 解释器的使用、在 Ubuntu 中创建 Python 脚本并运行的方法，以及简要介绍了一些机器人编程中常用的 Python 库。第 4 章介绍了 ROS 系统的安装方法，还介绍了 ROS 架构及相关的概念和工具，并且通过两个 ROS 应用实例来演示常用的 ROS 操作，展示了 Rviz 和 Rqt 两个 ROS 可视化接口。第 5 章介绍了如何使用 C++ 和 Python 进行 ROS 编程，包括创建工作空间和程序包、创建节点和启动文件，并在 turtlesim 中实现了一些有趣的应用。最后介绍了如何使用 ROS 在 Arduino 和树莓派等嵌入式开发板上编程。第 6 章结合前面几章所学的内容，介绍能够与 ROS 兼容的低成本差速驱动机器人，并编写 ROS 节点来控制机器人的移动和执行航位推算算法。在第 6 章中可以看到如何制作一个由 ROS 接口控制的机器人，并使用 ROS 对实际机器人进行开发和测试。

本书内容基于 ROS Kinetic（2016）LTS 版本，该版本的官方维护时间为 5 年，更多细节和文档可在其官方网站和 GitHub 上查询。

希望本书可以帮助有意学习机器人编程的读者。

感谢南京航空航天大学野外机器人实验室的吕查德、高唱、阚宇超、许诗曼、张润心、李心怡、徐子玥、卞尹蕾等同学在本书翻译和校对方面所做的大量工作。大家的共同努力才使得本书能够完美地呈现在读者面前。

由于译者时间和水平所限，书中难免存在错误及不妥之处，敬请广大读者批评指正。

译　者

目录

序一
序二
译者序

第1章 用于机器人的 Ubuntu Linux ········· 1

1.1 从 GNU/Linux 入门 ········· 1
1.1.1 什么是 Ubuntu ········· 2
1.1.2 为什么选择 Ubuntu 系统 ········· 2
1.2 安装 Ubuntu ········· 2
1.2.1 计算机推荐配置 ········· 2
1.2.2 下载 Ubuntu ········· 2
1.2.3 安装 VirtualBox ········· 3
1.2.4 创建一个 VirtualBox 虚拟机 ········· 4
1.2.5 在 VirtualBox 中安装 Ubuntu ········· 10
1.2.6 在计算机上安装 Ubuntu ········· 17
1.3 使用 Ubuntu 图形用户界面 ········· 18
1.3.1 Ubuntu 文件系统 ········· 19
1.3.2 实用的 Ubuntu 应用 ········· 20
1.4 shell 命令入门 ········· 21
1.5 本章小结 ········· 32

第2章 机器人编程的 C++ 基础知识 ········· 33

2.1 C++ 入门 ········· 33
2.2 在 Ubuntu Linux 中运行 C/C++ ········· 34
2.2.1 GCC 和 G++ 编译器介绍 ········· 34
2.2.2 安装 C/C++ 编译器 ········· 34
2.2.3 验证安装 C/C++ 编译器 ········· 34

    2.2.4　GNU 项目调试器 GDB 简介 ……………………………… 35
    2.2.5　在 Ubuntu Linux 中安装 GDB …………………………… 35
    2.2.6　验证安装 GDB ………………………………………… 35
    2.2.7　编写第一个程序 ………………………………………… 36
    2.2.8　解释代码 ……………………………………………… 37
    2.2.9　编译代码 ……………………………………………… 38
    2.2.10　调试代码 …………………………………………… 39
  2.3　从实例中学习 OOP 概念 …………………………………………… 41
    2.3.1　类和结构体之间的区别 …………………………………… 41
    2.3.2　C++的类和对象 ………………………………………… 43
    2.3.3　类访问修饰符 …………………………………………… 44
    2.3.4　C++中 Inheritance 的使用 ……………………………… 45
    2.3.5　C++文件和流 …………………………………………… 48
    2.3.6　C++中的命名空间 ……………………………………… 49
    2.3.7　C++的异常处理 ………………………………………… 51
    2.3.8　C++的标准模板库 ……………………………………… 52
  2.4　建立一个 C++工程 ………………………………………………… 52
    2.4.1　建立一个 Linux Makefile ………………………………… 53
    2.4.2　创建一个 CMake 文件 …………………………………… 55
  2.5　本章小结 …………………………………………………………… 56
第3章　机器人编程的 Python 基础 ………………………………………… 58
  3.1　开始使用 Python …………………………………………………… 58
  3.2　Ubuntu/Linux 中的 Python ………………………………………… 59
    3.2.1　Python 解释器的介绍 …………………………………… 59
    3.2.2　在 Ubuntu 16.04 LTS 中安装 Python …………………… 59
    3.2.3　验证 Python 的安装 ……………………………………… 60
    3.2.4　编写第一个 Python 程序 ………………………………… 60
    3.2.5　执行 Python 代码 ………………………………………… 62
    3.2.6　理解 Python 的基础知识 ………………………………… 63
    3.2.7　Python 中的新内容 ……………………………………… 63
    3.2.8　Python 变量 ……………………………………………… 64
    3.2.9　Python 输入和条件语句 ………………………………… 65
    3.2.10　Python：循环 ………………………………………… 66

- 3.2.11 Python：函数 ⋯⋯ 67
- 3.2.12 Python：异常处理 ⋯⋯ 69
- 3.2.13 Python：类 ⋯⋯ 69
- 3.2.14 Python：文件 ⋯⋯ 71
- 3.2.15 Python：模块 ⋯⋯ 72
- 3.2.16 Python：处理串行端口 ⋯⋯ 73
- 3.2.17 在 Ubuntu 16.04 中安装 PySerial ⋯⋯ 73
- 3.2.18 Python：科学计算和可视化 ⋯⋯ 75
- 3.2.19 Python：机器学习和深度学习 ⋯⋯ 75
- 3.2.20 Python：计算机视觉 ⋯⋯ 75
- 3.2.21 Python：机器人 ⋯⋯ 76
- 3.2.22 Python：集成开发环境（IDE） ⋯⋯ 76
- 3.3 本章小结 ⋯⋯ 76

第 4 章 ROS 概述 ⋯⋯ 77

- 4.1 什么是机器人编程 ⋯⋯ 77
- 4.2 为什么机器人编程与众不同 ⋯⋯ 78
- 4.3 开始使用 ROS ⋯⋯ 79
  - 4.3.1 ROS 等式 ⋯⋯ 81
  - 4.3.2 ROS 的历史 ⋯⋯ 81
  - 4.3.3 ROS 诞生前后 ⋯⋯ 82
  - 4.3.4 我们为什么要使用 ROS ⋯⋯ 83
  - 4.3.5 安装 ROS ⋯⋯ 84
  - 4.3.6 支持 ROS 的机器人和传感器 ⋯⋯ 88
  - 4.3.7 常用的 ROS 计算平台 ⋯⋯ 89
  - 4.3.8 ROS 的架构和概念 ⋯⋯ 90
  - 4.3.9 ROS 文件系统 ⋯⋯ 92
  - 4.3.10 ROS 计算的概念 ⋯⋯ 93
  - 4.3.11 ROS 社区 ⋯⋯ 94
  - 4.3.12 ROS 命令行工具 ⋯⋯ 94
  - 4.3.13 ROS 实例：Hello World ⋯⋯ 97
  - 4.3.14 ROS 实例：turtlesim ⋯⋯ 98
  - 4.3.15 ROS 图形用户接口：Rviz 和 Rqt ⋯⋯ 102
- 4.4 本章小结 ⋯⋯ 104

第 5 章　基于 ROS 编程 ········· 105

5.1　什么是使用 ROS 编程 ········· 105
5.2　创建 ROS 工作空间和程序包 ········· 106
5.2.1　ROS 编译系统 ········· 108
5.2.2　ROS catkin 工作空间 ········· 109
5.2.3　创建 ROS 程序包 ········· 110
5.3　使用 ROS 客户端库 ········· 111
5.3.1　roscpp 和 rospy ········· 112
5.3.2　基于 ROS 的 Hello World 实例 ········· 116
5.3.3　使用 rospy 为 turtlesim 编程 ········· 126
5.3.4　使用 rospy 对 turtlebot 编程 ········· 138
5.4　使用 ROS 对嵌入式板卡编程 ········· 142
5.4.1　使用 ROS 连接 Arduino ········· 142
5.4.2　在树莓派上安装 ROS ········· 146
5.5　本章小结 ········· 148

第 6 章　基于 ROS 的机器人项目 ········· 149

6.1　从轮式机器人开始 ········· 149
6.2　差速驱动机器人的运动学 ········· 149
6.3　搭建机器人硬件 ········· 152
6.3.1　购买机器人组件 ········· 153
6.3.2　机器人模块框图 ········· 156
6.3.3　组装机器人硬件 ········· 157
6.4　使用 URDF 创建一个三维 ROS 模型 ········· 158
6.5　编写机器人固件程序 ········· 162
6.6　使用 ROS 对机器人编程 ········· 165
6.6.1　为机器人创建基于 ROS 的蓝牙驱动器 ········· 165
6.6.2　teleop 节点 ········· 168
6.6.3　传送至 Motor velocity 节点的 Twist 消息 ········· 168
6.6.4　里程计节点 ········· 169
6.6.5　航位推算节点 ········· 169
6.7　最终运行 ········· 170
6.8　本章小结 ········· 172

第1章
用于机器人的 Ubuntu Linux

让我们从使用机器人操作系统（Robot Operating System，ROS）开始机器人编程之旅吧。在学习使用 ROS 之前，需要保证自己已经掌握下面这些知识：一是对 Linux 操作系统有较好的理解，尤其是 Ubuntu；二是较好地掌握 Linux 的 shell 命令；三是需要掌握一定的 Python 和 C++ 编程知识。

本书将讨论在 ROS 上进行机器人编程的所有必备技术。本章介绍 Ubuntu 操作系统及其安装过程、重要 shell 命令和一些用于机器人编程的重要工具。即使读者已经使用过 Ubuntu，也仍需要浏览这一章，因为它可以进一步加深用户对 Ubuntu Linux 的理解。

1.1 从 GNU/Linux 入门

Linux 是一款与 Windows 或者 Mac OS 类似的操作系统。和其他操作系统一样，它也有诸如通信、接收用户指令、向磁盘读写数据和运行应用软件等功能。操作系统最重要的部分就是内核，在 GNU/Linux 系统中，Linux（www.linux.org）是内核组件，其余组件是由 GNU Project（www.gnu.org/home.en.html）开发的应用。

Linux 操作系统的设计灵感来源于 UNIX 操作系统。Linux 内核是一个支持多用户多任务的操作系统。另外，GNU/Linux 可以免费使用并且开源。用户拥有操作系统的所有控制权限，这使得 Linux 成为计算机黑客和极客的理想选择。Linux 还广泛地应用于服务器，时下流行的 Android 操作系统就运行在一个 Linux 内核上。Linux 现在拥有许多发行版本，但基本都以 Linux 内核为核心组件，只是图形接口存在差异。最流行的几个发行版本是 Ubuntu、Debian 和 Fedora，其标志如图 1-1 所示。基于 Linux 的操作系统是目前世界上最受欢迎的操作系统之一。

图 1-1 几个 Linux 流行发行版本标志

1.1.1 什么是 Ubuntu

Ubuntu（www.ubuntu.com）是一个基于 Debian 架构的 Linux 流行版本。它可以免费下载和使用，并且开源，因此可以根据用户的应用进行更改。Ubuntu 包含超过 1000 款软件，包括 Linux 内核、GNOME/KDE 桌面环境、标准桌面应用（包括文字处理软件、网页浏览器、电子表格软件、Web 服务器、编程语言、集成开发环境 IDE 和一些计算机游戏）。Ubuntu 可以运行在台式机和服务器上，它支持诸如 Intelx86、AMD-64、ARMv7 和 ARMv8（ARM64）等架构。Ubuntu 由一家英国的公司 Canonical Ltd.（www.canonical.com）负责运维。

1.1.2 为什么选择 Ubuntu 系统

软件是机器人的核心。机器人应用软件需要运行在一个操作系统上，该操作系统可以提供与机器人作动器和传感器通信的功能。基于 Linux 的操作系统在与底层硬件交互的过程中具有极大的灵活性，并且提供相关许可允许用户根据机器人应用对其进行修改。在这种应用背景下，Ubuntu 的快速响应能力、轻量级属性及高度安全性的优点得以展现。除了这些因素外，Ubuntu 还提供极好的社区支持服务，并且经常会有新版本发布。Ubuntu 有长期支持的版本（LTS），可以提供长达 5 年的用户支持。上面这些因素使得 ROS 开发人员坚持使用 Ubuntu，它也是唯一完全支持 ROS 的操作系统。当前，Ubuntu-ROS 组合已成为机器人编程的一个理想选择。

1.2 安装 Ubuntu

这一节讨论如何安装 Ubuntu 16.04 LTS。所有 Ubuntu 版本的安装过程几乎都是一样的。与安装其他操作系统一样，安装 Ubuntu 系统的计算机应该达到一定的配置，之后便可看到 Ubuntu 安装的具体过程。

1.2.1 计算机推荐配置

- 2GHz 双核处理器或以上。
- 2GB 系统内存。
- 25GB 的空闲硬盘空间。
- 一个 DVD 驱动器或 USB 端口。
- 网络连接。

1.2.2 下载 Ubuntu

首先下载 DVD/CD ISO 镜像。可在 https://www.ubuntu.com/download/

desktop 下载 Ubuntu 镜像，也可以在 http://releases.ubuntu.com 上浏览所有的 Ubuntu 发行版本。DVD 镜像不超过 1GB，命名为 ubuntu-16.04.X-desktop-amd64.iso。ISO 映像默认为 64 位架构。如果计算机内存小于 4GB，则可以使用 32 位结构。下载完所需的 Ubuntu 镜像后，有以下两种安装选择。

- 直接将 Ubuntu 镜像安装在计算机上，有两种实现途径：将镜像刻录到 DVD 光盘或复制到 U 盘上。
- 安装在 VirtualBox（https://www.virtualbox.org）或 VMWare Workstation（https://my.vmware.com/web/vmware/downloads）上。如果使用这种方法，必须先安装 VirtualBox 软件，然后在其中安装 Ubuntu 系统。在本书中，我们更推荐使用这种方法。因为如果直接在计算机上安装，一旦操作不当将导致数据丢失，而使用 VirtualBox 则是安全的。作为一名初学者，可以在 VirtualBox 内部试验 Ubuntu。

1.2.3 安装 VirtualBox

VirtualBox（https://www.virtualbox.org）是一个虚拟化软件，它允许一个未经修改的操作系统（包含它的全部已安装软件）运行在一个称为虚拟机的特殊环境中。虚拟机运行在当前的操作系统之上，是由虚拟化软件通过拦截对某些硬件和功能的访问实现的。物理实体计算机称为宿主机，虚拟机称为客户机，客户机可以运行在宿主机上。

可以在一台运行 Windows、Linux、OS X 或者 Solaris（https://www.virtualbox.org/wiki/Downloads）系统的计算机上安装 VirtualBox。这里，我们将其安装在一台装有 Windows 操作系统的计算机上，如图 1-2 所示，可以从列表中选择 Windows 平台。VirtualBox 的安装很简单，安装时应该不会有什么问题。在安装过程中，将会询问是否安装虚拟驱动器，选择同意安装即可。

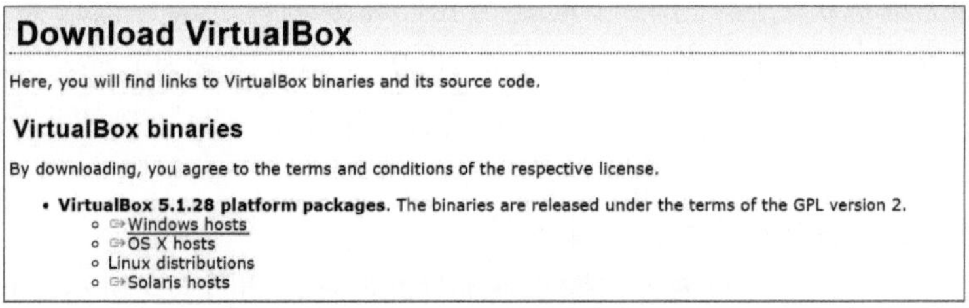

图 1-2 为 Windows 宿主机下载 VirtualBox

如果使用 OS X 或者 Linux 操作系统，可选择相对应的平台。安装说明可以在下面的链接找到：https://www.virtualbox.org/manual/ch02.html。

1.2.4　创建一个 VirtualBox 虚拟机

在 VirtualBox 上安装 Ubuntu，首先要创建一个新的虚拟机。如果已经在系统中安装了 VirtualBox，则可以通过下面的步骤创建虚拟机。

第1步：添加一个虚拟机。

在计算机上安装完 VirtualBox 之后将其打开，会看到图 1-3 所示的窗口。

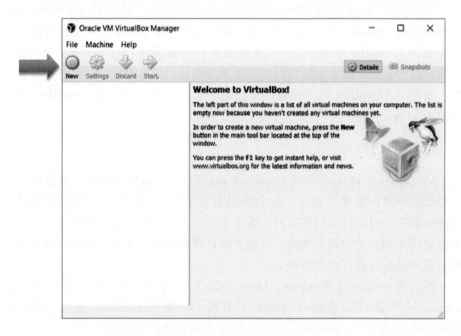

图 1-3　VirtualBox 欢迎窗口

单击"New"按钮创建一个新的虚拟机。

第2步：为客户操作系统命名。

添加完虚拟机之后，下一步便是为我们将要创建的客户操作系统命名。如图 1-4 所示，可以将它命名为 Ubuntu 16.04，类型设置为 Linux，版本选择 Ubuntu（64-bit）或（32-bit）。设置完成后，单击"Next"按钮继续下一步操作。

第3步：为客户操作系统分配内存。

在这一步中，我们将为客户操作系统分配内存，如图 1-5 所示。这一步很重要，因为如果内存分配得太少，客户操作系统可能要花费大量的时间来启动；而如果分配得太多，则宿主操作系统的内存也将分配给客户操作系统，这可能会降低宿主操作系统的运行速度。因此，应该优化内存分配，以使两种操作系统得到更好的表现。

第 1 章　用于机器人的 Ubuntu Linux

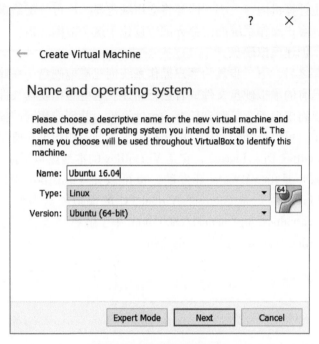

图 1-4　命名客户操作系统

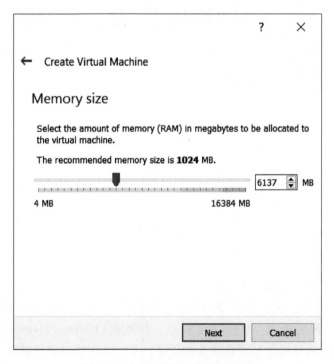

图 1-5　为客户操作系统分配内存

5

根据宿主计算机内存大小，向导将会用绿色显示出可分配给虚拟操作系统的内存范围，客户操作系统的内存分配应该位于这个范围之内。

第 4 步：创建虚拟硬盘。

分配内存之后，下一步是为客户操作系统创建虚拟硬盘。在此步骤中，我们可以使用已有的虚拟硬盘文件或者进行新建。这些虚拟硬盘文件是可跨平台的，所以可以将虚拟硬盘复制到任意一台计算机上并创建相同的虚拟机。

在这一步，可以选择想要创建的虚拟硬盘类型，如图 1-6 所示，默认选项是 VDI（VirtualBox Disk Image），它是 VirtualBox 的本地虚拟硬盘。VHD（Virtual Hard Disk）是由 VMWare 开发的，也可以在 VirtualBox 中使用。VMDK（Virtual Machine Disk）是 Microsoft Virtual PC 的虚拟硬盘类型。读者可以从 https：//www.virtualbox.org/manual/ch05.html 中了解更多信息。这里我们选择"VDI（VirtualBox Disk Image）"单选按钮。

图 1-6　选择虚拟硬盘类型

第 5 步：配置虚拟磁盘的存储模式。

在此步骤中，我们需要配置存储模式，有"Dynamically allocated"和"Fixed size"两种模式，如图 1-7 所示。如果我们选择"Fixed size"单选按钮，一个固定容量的虚拟硬盘将会被创建，下一步可以设置其容量。创建这一虚拟硬盘后，它将在物理硬盘中占用同样大小的空间。如果选择"Dynamically allocated"单选按钮，原则上允许使用最大的物理硬盘空间，只有当预留空间消耗完毕后才会重新分配新空间。创建"Fixed size"模式的硬盘所花费的时间要多于创建"Dynamically allocated"模式的硬盘，但是一旦创建，它的性能比"Dynamically allocated"模式更好。这里我们将使用一个最大容量为20GB的"Fixed size"模式的硬盘。

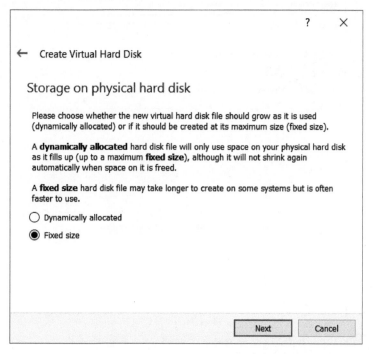

图 1-7　选择虚拟硬盘存储模式

用户也可以自行选择虚拟硬盘文件的保存位置。完成虚拟磁盘配置后，将需要一些时间来构建这些配置，如图1-8所示。

创建虚拟硬盘后，可以看到新创建的虚拟机。但是我们要将 Ubuntu 镜像放在虚拟机的哪个位置呢？这将是我们下一步要做的事情。

第6步：选择 Ubuntu DVD 镜像。

图1-9显示了新创建的虚拟机，我们必须单击"Settings"按钮来配置虚拟机。

在"Ubuntu 16.04-Settings"窗口中选择左侧的 Storage 选项，如图 1-10 所示。

插入 Ubuntu DVD 镜像后，进行 Video 设置。在这项设置中，可以分配客户操作系统的 Video 存储空间，如图1-11所示。

在配置了 Display 之后，我们必须进行 System（系统）设置。在 System 设

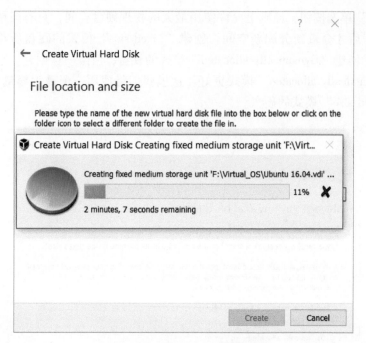

图1-8 创建固定大小的虚拟硬盘

图1-9 配置虚拟机

第 1 章 用于机器人的 Ubuntu Linux

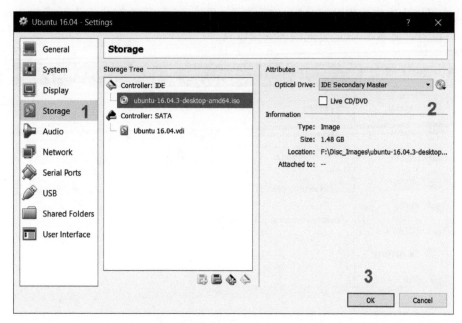

图 1-10 在光驱中插入 Ubuntu DVD 镜像

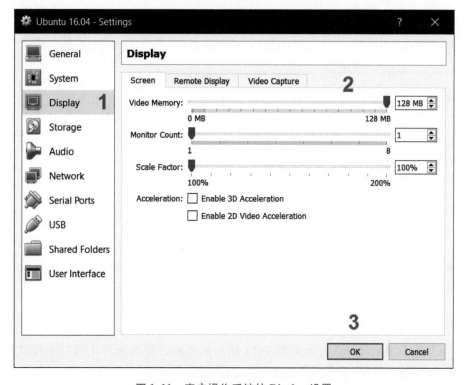

图 1-11 客户操作系统的 Display 设置

置中可以为客户操作系统分配 CPU 数量。图 1-12 所示为客户操作系统的 System 设置，显示了 CPU 分配的最安全设置。

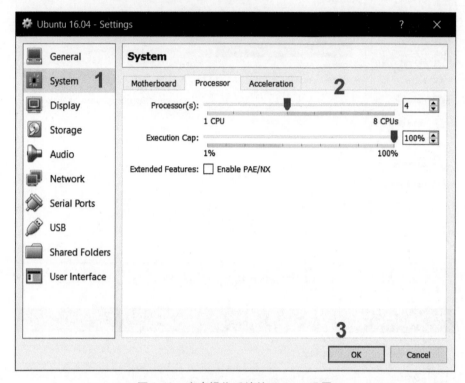

图 1-12　客户操作系统的 System 设置

使用 Ubuntu 时，Shared Folders（共享文件夹）设置可能很有用，如图 1-13 所示。使用此选项，可以在客户操作系统中共享宿主操作系统文件夹。此选项对于访问宿主操作系统的文件和文件夹非常有用。

完成这些设置之后，便可以启动虚拟机。

第 7 步：启动虚拟机。

如图 1-14 所示，单击"Start"按钮启动虚拟机，进入 Ubuntu 桌面。

读者可以在不安装 Ubuntu 的情况下探索 Ubuntu 的特性，还可以选择在 live 模式下安装 Ubuntu。在下一节中，我们将看到如何在 VirtualBox 中安装 Ubuntu。如果把它安装在一台真正的计算机上，步骤是类似的。

1.2.5　在 VirtualBox 中安装 Ubuntu

当虚拟机启动时，可看到图 1-15 所示的界面，该界面可让用户选择试用 Ubuntu 或安装 Ubuntu。如果想在安装之前试用 Ubuntu，可单击"Try Ubuntu"按钮，但是如果想直接安装 Ubuntu，可单击"Install Ubuntu"按钮。这里我们

第 1 章　用于机器人的 Ubuntu Linux

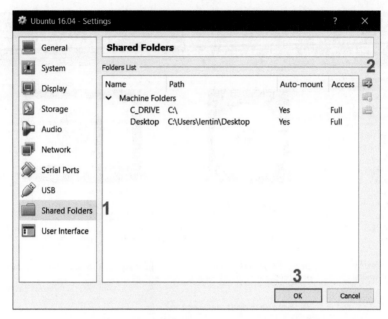

图 1-13　客户操作系统的 Shared Folders 设置

图 1-14　启动虚拟机

选择直接安装 Ubuntu。

在单击"Install Ubuntu"按钮之后,在弹出的界面(见图 1-16)中允许选择选项,比如在安装过程中更新 Ubuntu,以及更新第三方应用程序和驱动

11

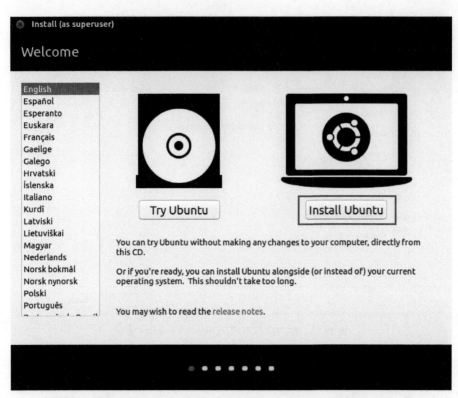

图 1-15　从 Ubuntu DVD 镜像启动后的第一个界面

图 1-16　更新 Ubuntu 或安装第三方软件界面

程序。如果在 VirtualBox 上开展工作，可以忽略这一点，但是如果对于一个装有显卡的真正的 PC，如装有 NVDIA 或 ATi Radeon 显卡的 PC，则可以选择这些选项。它可以搜索一个合适的显卡驱动程序并在 Ubuntu 安装过程中安装；否则可能需要手动安装。但是，这一过程并不能保证可以获得适用于自己的显卡驱动程序。

配置完成后，继续单击"Continue"按钮进入下一步。这个步骤非常重要，因为我们即将对硬盘进行分区，并在其上安装 Ubuntu（见图 1-17）。用户必须谨慎地选择分区方式。第一个选项"Erase disk and install Ubuntu"可擦除硬盘上的所有硬盘分区并安装 Ubuntu。如果需要，可以选择这个选项。如果要在 VirtualBox 中安装 Ubuntu，这个选项很合适，而如果要在 Windows 中安装 Ubuntu，则应选择"Something else"选项。

图 1-17　选择安装类型

"Something else"这一选项允许人们格式化特定的硬盘分区并在其上安装 Ubuntu。如果在 VirtualBox 中安装 Ubuntu，则不必关心这个问题，因为 VirtualBox 中只有一个硬盘。而如果是在实体计算机上安装，就必须在安装操作系统之前找到一个安装 Ubuntu 的分区。在分区管理器中，可以通过检查分区的大小来识别驱动器。如果硬盘没有格式化，可看到该硬盘的驱动器显示为/dev/sda。用户可以通过单击"New Partition Table"按钮创建一个分区表，这样做之后，磁盘驱动器将显示未占用的空闲空间，如图 1-18 所示。

用户也可以使用左边的按钮来修改现有的分区。有 3 个按钮："+"按钮可以从空闲空间中创建一个新分区；"-"按钮用于删除现有分区；"Change"按钮用于将一个现有分区转换为另一种格式的分区或更改其大小。这里我们要创建一个新分区，所以单击"+"按钮，将看到图 1-19 所示的对话框，要求用户输入新的分区信息。

安装 Ubuntu 时，我们通常需要创建两个分区：一个是根分区，另一个是交换分区。Ubuntu 操作系统安装在根分区中。如图 1-19 所示，"Primary"表

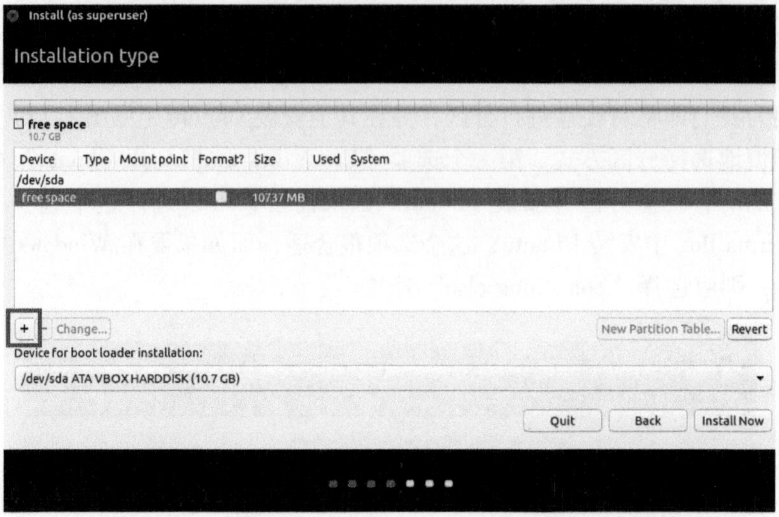

图 1-18 硬盘上的空闲空间

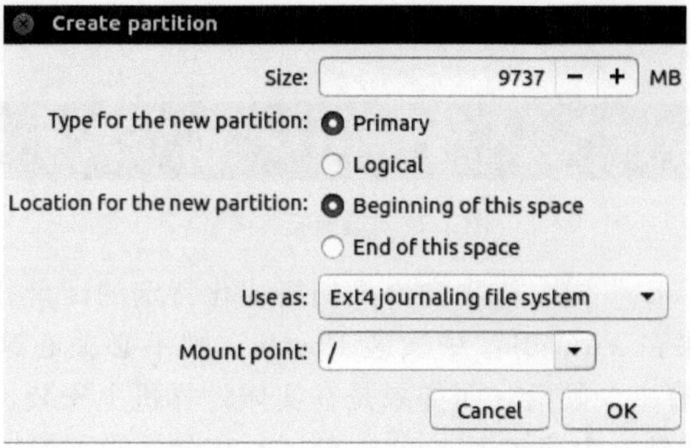

图 1-19 创建一个新的根分区

示根分区的类型，文件系统的格式是 Ext4journaling，必须将根分区的挂载点设置为"/"。

交换分区是一种内存接近最大使用率时用于存储非活动页面的特殊分区。如果计算机的内存足够大，比如大于 4GB，则可以不用设置交换分区，否则最好有一个交换分区。用户可以分配 1GB 或 2GB 内存给交换分区，如图 1-20 所示。

当两个分区创建完成后，在图 1-18 中单击"Install Now"按钮，将把 Ubuntu 安装到所选分区中。在安装期间，可以设置时区、键盘布局、用户名和密码。图 1-21 所示为设置时区。

第 1 章　用于机器人的 Ubuntu Linux

图 1-20　创建一个新的交换分区

图 1-21　设置时区

用户可以单击所在国家地图来设置时区。当单击地图时，将会显示国家的名称。设置时区后，下一步是设置键盘布局，如图 1-22 所示。用户可以选择使用默认的键盘布局（English（US））。

接下来，进入 Ubuntu 登录信息的设置，如图 1-23 所示。

在这一步中，我们设置了计算机名称、用户名和密码。如果不想使用用户名和密码登录，可启用自动登录功能（Log in automatically）。这样将无须提示输入用户名和密码而直接登录 Ubuntu 桌面。

在输入了登录信息之后，安装过程就快完成了。系统安装完毕之后，需要

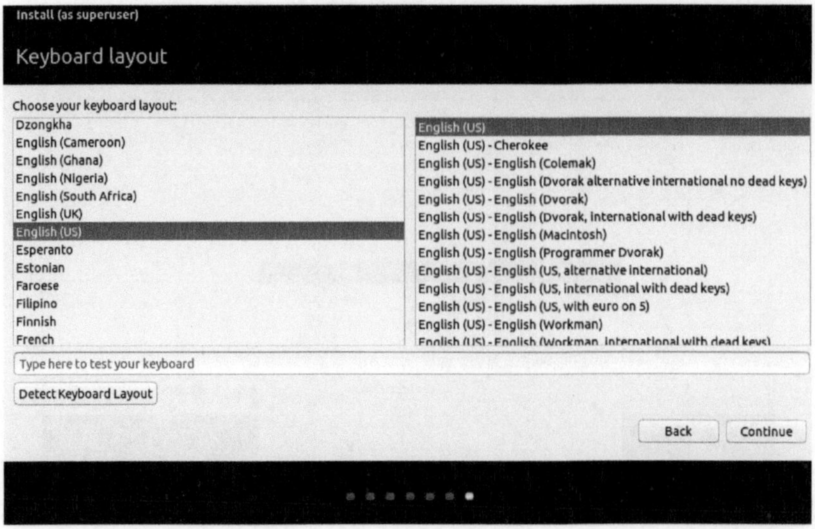

图 1-22　设置键盘布局

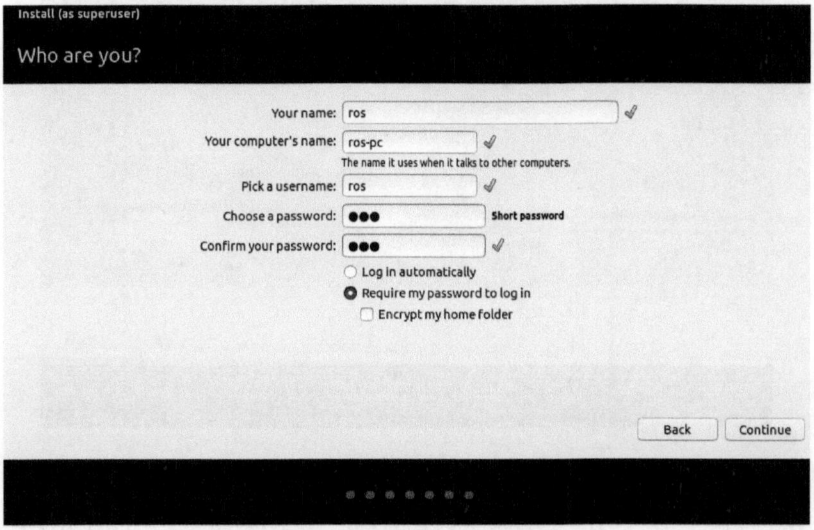

图 1-23　设置登录信息

重启计算机（见图 1-24）。单击"Restart Now"来重新启动虚拟机或 PC。在此期间，可以通过 VirtualBox 菜单移除 DVD 镜像。选择 Devices→Optical Drives 命令，从 VirturalBox 下拉菜单中进行移除即可。

重启后，可以看到图 1-25 所示的 Ubuntu 桌面。

此时已经成功地在 VirturalBox 上安装了 Ubuntu。

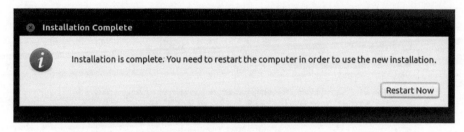

图 1-24　重启 Ubuntu

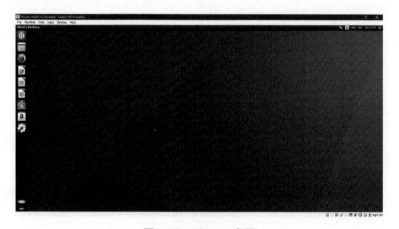

图 1-25　Ubuntu 桌面

1.2.6　在计算机上安装 Ubuntu

在一台计算机上安装 Ubuntu 通常有两种方式。第一种方式很直接，首先将下载的 DVD 镜像刻录到一个 DVD 上，然后从 DVD 启动安装。另一种方法是用 USB 驱动器安装，这比前一种方式更容易，也更快。

一款名为 UNetbootin 的工具可以将 DVD 镜像复制到 USB 驱动器，它可以从 https://sourceforge.net/projects/unetbootin/下载得到。用户可以通过这款工具浏览 DVD 镜像，单击 "OK" 按钮开始复制过程（UNetbootin 设置如图 1-26 所示）。

用户可以选择 Linux 的发行版并浏览其 DVD 镜像。在选择了 DVD 镜像之后，选择 USB 驱动类型，接下来选择驱动器盘符字母，最后单击 "OK" 按钮。把 DVD 镜像复制到 USB 驱动器上需要花费一段时间。当它完成时，重新启动计算机，将首选启动设备设置为 USB 驱动器。现在系统会从 USB 驱动器启动安装。读者可以遵照前述的安装过程进行安装。更多的说明可以在 https://unetbootin.github.io/ 中找到。

用户在使用 UNetbootin 安装操作系统时有任何困难，可以尝试使用 Rufus

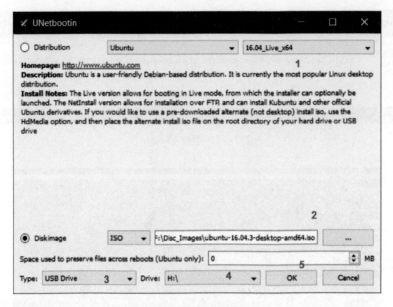

图 1-26　UNetbootin 设置

（https：//rufus.akeo.ie/），这是和 UNetbootin 有相同作用的另一款应用程序。

1.3　使用 Ubuntu 图形用户界面

Unity 面板是一个构建在 GNOME（www.gnome.org）之上的图形外壳，是 Ubuntu 的默认桌面环境。它是一个免费的开源应用程序，其他桌面环境还有 KDE 和 LXDE。

图 1-27 所示的左侧为 Unity Launcher，它可以帮助快速启动或查找 Ubuntu 应用程序。单击其中的每个应用程序便可将其启动。用户也可以通过应用名称来查找某个具体的应用程序并启动。这个启动器称为 Unity Launcher。启动器中的搜索工具称为 Dash。这些 GUI 工具可以节省寻找应用程序的时间。在 Unity 面板的右上角，有一些调整音量和关闭系统电源的选项。此外还有一个指示器面板用于显示网络连接、音量和其他通知。

类似于 Windows 和 OS X，Ubuntu 中也有许多用于定制桌面环境的选项。如果对配置 Ubuntu 桌面感兴趣，可以参考 https://help.ubuntu.com/community/CompositeManager#Compiz 网址中的 Compiz Config Settings Manager（桌面特效管理器）。

要了解更多关于 Ubuntu 的信息，请从 https://ubuntu-manual.org/下载 PDF 文档。

第 1 章 用于机器人的 Ubuntu Linux

图 1-27 Unity 面板

1.3.1 Ubuntu 文件系统

类似于 Windows 操作系统中的 C 盘，Linux 也有一个用于储存系统文件的特殊硬盘分区。它是我们在 Ubuntu 安装过程中创建的，被称为 "rootfile system"。我们为该文件系统指定 "/" 符号。图 1-28 所示为 Ubuntu 文件系统架构。

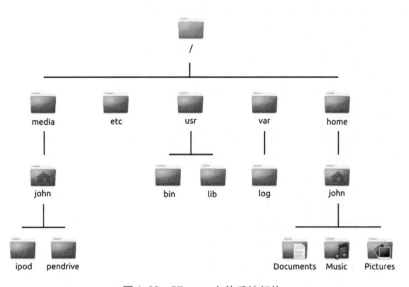

图 1-28 Ubuntu 文件系统架构

用户可以从 Unity Launcher 中单击 "File Manager" 图标来浏览 Ubuntu 文

19

件系统，Ubuntu 文件系统结构如图 1-29 所示。

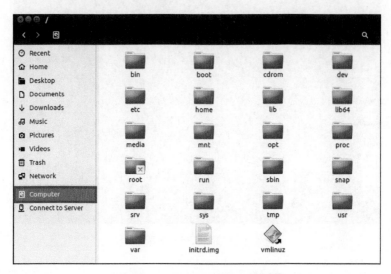

图 1-29 Ubuntu 文件系统结构

下文描述了文件系统中部分文件夹的功能。

- /bin 和/sbin：其中有系统应用程序，类似于 Windows 中的 C:\文件夹。
- /etc：包含系统配置文件。
- /home/your_user_name：相当于 Windows 中的 C:\Users 文件夹。
- /lib：存放类似 Windows 中的 .dll 文件的库文件。
- /media：可移动媒介挂载到这一目录。
- /root：包含 root 用户文件（不是 root 用户文件系统；root 用户是 Linux 系统的管理员）。
- /usr：读作 user，包含大部分程序文件（相当于 Microsoft Windows 中的 C:\Program 文件）。
- /var/log：包含由许多应用程序生成的日志文件。
- /home/your_user_name/Desktop：包含 Ubuntu 桌面文件。
- /mnt：显示已经挂载的分区。
- /boot：包含系统启动所需要的文件。
- /dev：包含 Linux 设备文件。
- /opt：可选安装程序的存放位置（ROS 就被安装到/opt）。
- /sys：保存包含系统信息的文件。

1.3.2 实用的 Ubuntu 应用

如果用户想要在 Ubuntu 上安装一款流行的应用软件，可在 Unity Launcher

中单击"Ubuntu Software"图标（见图 1-30）。这是一种直接在 Ubuntu 中安装应用程序的方式。下面几节中，读者将看到如何使用命令行安装 Ubuntu 软件包。

图 1-30　Ubuntu 软件中心

1.4　shell 命令入门

Ubuntu 图形工具的使用十分简单，但如果要在 Linux 中运行高级任务，则可能需要使用 Ubuntu 的命令行接口（CLI）。使用命令行工具调试系统的速度更快且更常用。Linux 的命令行相当于 Windows 中的磁盘操作系统（DOS）。

在运行 ROS 时将主要使用命令行，所以 Linux 的终端命令是使用 ROS 的必要的先修知识。

Ubuntu 的命令行接口位于一个名称为 Terminal（终端）的程序中。可以使用 Ubuntu Dash 搜索器找到这个终端应用。图 1-31 展示了这一过程。

单击"Terminal"图标可打开终端程序，如图 1-32 所示。

本节介绍运行机器人和 ROS 时的一些实用的 shell 命令。下面是一些要掌握的流行命令。

1）man：shell 命令使用说明手册。

man 是 manual 的简写，这个命令可以调出某特定命令的使用说明。

图 1-31　查找 Terminal（终端）程序

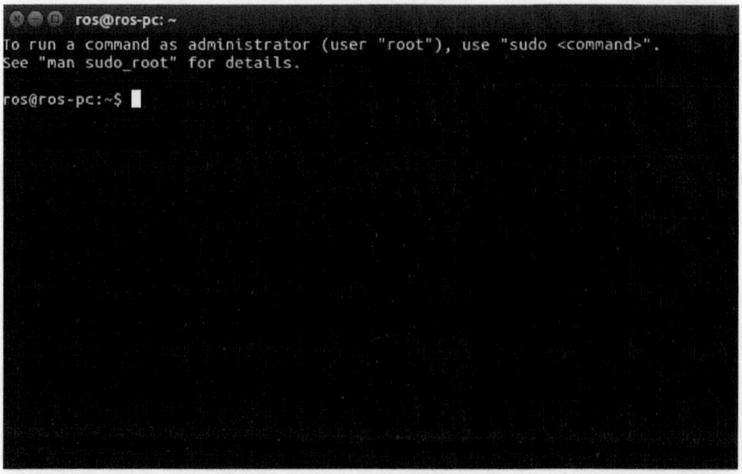

图 1-32　Ubuntu 终端程序

```
Usage:man <shell command>
Example:man ls
```

上面的命令功能为打印出 ls 的使用说明，图 1-33 所示为 man ls 的输出。

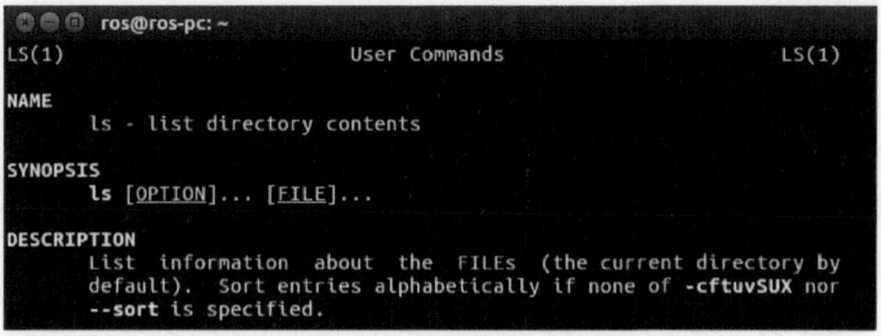

图 1-33　man ls 的输出

2）ls：显示目录。

ls 命令展示当前目录中的文件和文件夹。

```
Usage:ls
```

ls 的输出如图 1-34 所示。

图 1-34　ls 的输出

3）cd：跳转目录。

cd 命令可以从一个文件夹切换至其他文件夹，如图 1-35 所示。

```
Usage:cd <Directory_path>
Example:cd Desktop
```

4）pwd：显示当前终端路径。

pwd 命令返回当前终端的路径。该命令在获取绝对路径时十分有用。

```
Usage:pwd
```

图 1-36 所示为 pwd 命令的输出。

图 1-35　切换文件夹

图 1-36　获得当前路径

5）mkdir：新建一个文件夹。

mkdir 命令可以创建一个空文件夹。

```
Usage:mkdir <folder_name>
Example:mkdir robot
```

图 1-37 所示为如何新建文件夹。

6）rm：删除一个文件。

rm 命令用于删除一个文件。

图 1-37 新建文件夹

```
Usage:rm <file_path>
Example:rm test.txt
```

图 1-38 所示为 rm 命令的使用示例,在删除之前使用 ls 命令显示了所有文件,利用 rm 命令删除文件之后,又用 ls 命令显示了所有文件。通过对比以确认文件完全删除成功。

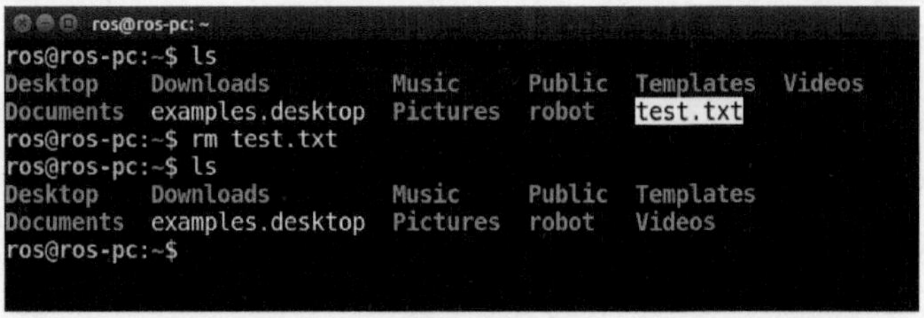

图 1-38 删除文件

通过递归删除文件来删除一个文件夹,可以使用下面的命令。
```
$ rm-r <folder_name>
```
如果要删除 root(/)文件系统中的文件,在 rm 命令之前需要使用 sudo。
```
$ sudo rm <file_name>
```
7) rmdir:删除一个文件夹。

rmdir 命令用于删除一个空文件夹,所以在使用 rmdir 命令前需要先检查文件夹,如果有文件,需提前删除。

```
Usage:rmdir <folder_name>
Example:rmdir robot
```

图 1-39 所示为这个命令的一个示例。

8) mv:移动文件位置并对其重命名。

mv 命令可以移动文件位置并对其重命名。

```
Usage:mv source_file destination/destination_file
Example:mv test.txt test_2.txt
```

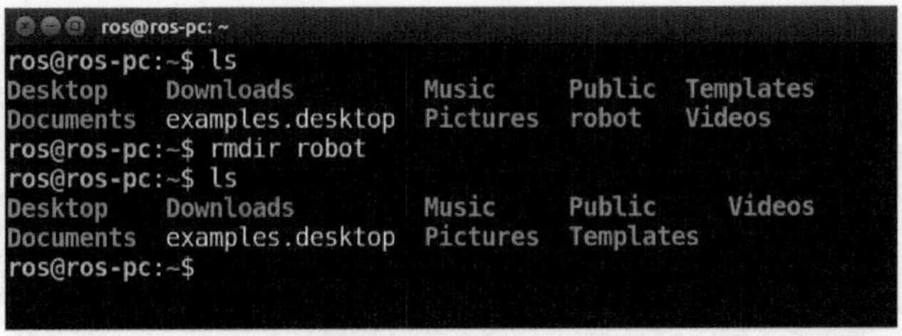

图1-39 删除空文件夹

在图1-40中，test. txt被移动到同一个文件夹下，并被重命名为test_2. txt。

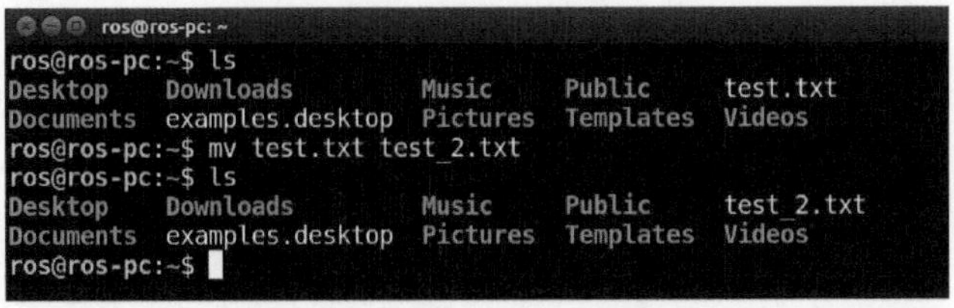

图1-40 移动文件并重命名

9）cp：复制文件至其他位置。

cp命令用于将文件复制到其他位置。

```
Usage:cp source_file destination_folder/destination_file
Example:cp test.txt test_2.txt
```

图1-41所示为一个示例。

图1-41 复制文件

10）dmesg：显示内核信息。

demsg命令在调试系统时十分有用。它可以用于显示内核日志，如图1-42所示。根据这些日志，用户可以进行调试。

```
Usage:dmesg
```

11）lspci：显示系统中的PCI设备。

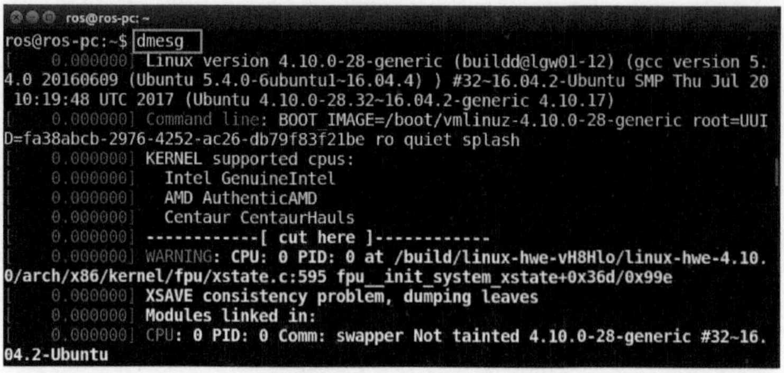

图 1-42　显示内核日志

lspci 命令也可以用来调试系统。这个命令将显示计算机中的所有 PCI 设备（见图 1-43）。

```
Usage:lspci
```

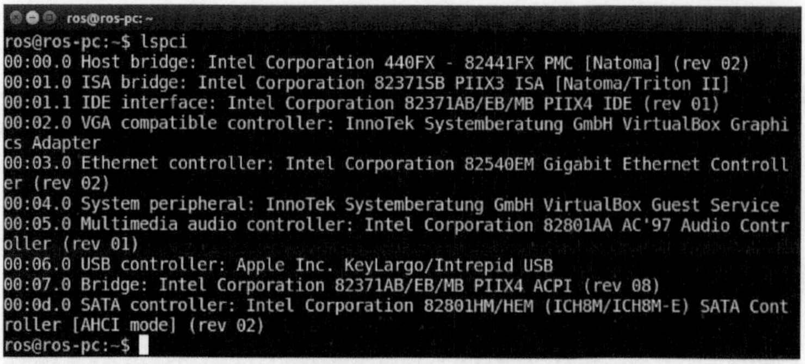

图 1-43　显示 PCI 设备

12）lsusb：显示系统中的 USB 设备。

lsusb 命令可列出所有的 USB 设备（见图 1-44）。

```
Usage:lsusb
```

图 1-44　列出系统中所有的 USB 设备

13）sudo：以管理员模式运行命令。

sudo 命令是最重要的命令之一。我们会经常使用到它，它能以管理员权限运行一条命令（见图 1-45）。我们使用这条命令可以完全切换到管理员模式。

```
Usage:sudo <parameter> <command>
Example:sudo -i
```

该示例命令展示了切换到管理员模式。

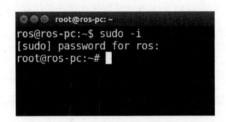

图 1-45　切换到管理员模式

图 1-46 所示为在管理员模式下运行一条命令的结果。

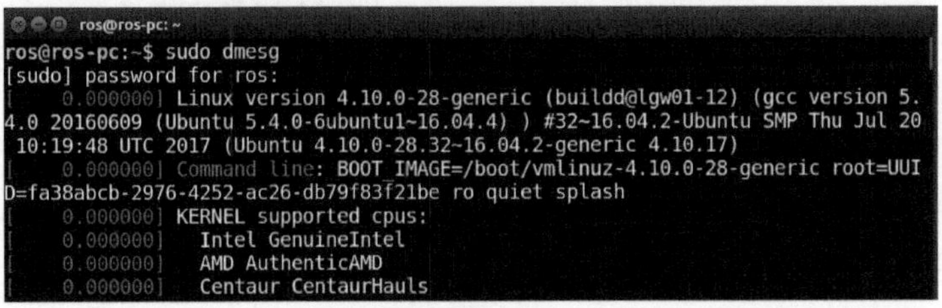

图 1-46　以管理员模式运行一条命令的结果

14）ps：显示正在运行的进程。

ps 命令用于显示系统正在运行的进程。

```
Usage:ps <command arguments>
Example:ps -A
```

当我们运行 ps 命令时，会显示在当前终端中运行的进程。如果运行 ps-A，则会列出系统中所有运行的进程。图 1-47 所示为两个命令的运行结果。PID 是进程 ID，它用来标识正在运行的进程。TTY 是终端类型。

15）kill：结束进程。

如果想要在系统中结束某个进程，可以使用 kill 命令。

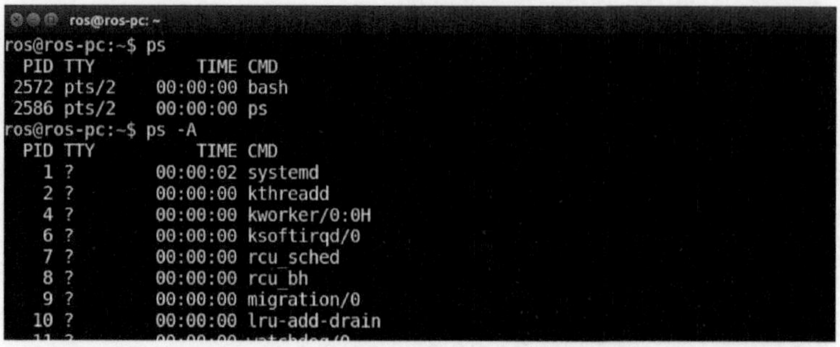

图1-47 列出系统中正在运行的进程

```
Usage:kill <PID>
Usage:kill 2573
```

我们必须要找到进程的 PID 并提供给这个命令以结束某个进程。该命令的使用示例如图 1-48 所示。

16）apt-get：在 Ubuntu 中安装软件。

apt-get 命令在使用 Ubuntu 运行 ROS 时十分重要。它可以安装来自 Ubuntu 库或本地系统中的软件包。这些软件包被称为 Debian 包，以 .deb 作为扩展名。安装软件需要管理员权限，所以在使用这一命令前需要使用 sudo 命令。我们也可以使用这一命令更新 Ubuntu 库中的软件包。

图1-48 结束进程

```
Usage: $ sudo apt-get <command_argument> <package_name>
Example: $ sudo apt-get update
Example: $ sudo apt-get install htop
Example: $ sudo apt-get remove htop
```

图 1-49 所示为使用 sudo apt-get update 命令更新 Ubuntu 软件包。这个命令用于更新本地系统中的软件源列表。

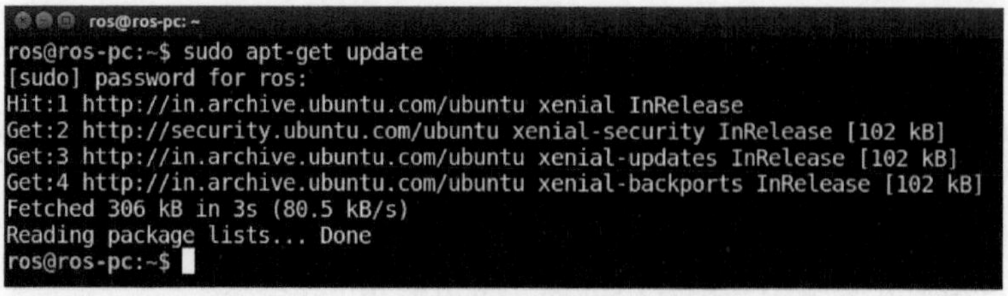

图1-49 更新 Ubuntu 软件源列表

图 1-50 所示为安装一个软件包。这里安装了一个名为 htop 的工具。它是一个终端进程查看器。

```
ros@ros-pc: ~
ros@ros-pc:~$ sudo apt-get install htop
Reading package lists... Done
Building dependency tree
Reading state information... Done
The following NEW packages will be installed:
  htop
0 upgraded, 1 newly installed, 0 to remove and 149 not upgraded.
Need to get 76.4 kB of archives.
After this operation, 215 kB of additional disk space will be used.
Get:1 http://in.archive.ubuntu.com/ubuntu xenial-updates/universe amd64 htop amd
64 2.0.1-1ubuntu1 [76.4 kB]
Fetched 76.4 kB in 2s (36.1 kB/s)
Selecting previously unselected package htop.
(Reading database ... 175107 files and directories currently installed.)
Preparing to unpack .../htop_2.0.1-1ubuntu1_amd64.deb ...
Unpacking htop (2.0.1-1ubuntu1) ...
Processing triggers for gnome-menus (3.13.3-6ubuntu3.1) ...
Processing triggers for desktop-file-utils (0.22-1ubuntu5.1) ...
Processing triggers for bamfdaemon (0.5.3~bzr0+16.04.20160824-0ubuntu1) ...
Rebuilding /usr/share/applications/bamf-2.index...
Processing triggers for mime-support (3.59ubuntu1) ...
Processing triggers for man-db (2.7.5-1) ...
Setting up htop (2.0.1-1ubuntu1) ...
ros@ros-pc:~$
```

图 1-50　在 Ubuntu 中安装软件包

如图 1-51 所示，sudo apt-get remove htop 命令展示了如何从系统中删除软件包。我们必须使用 remove 来执行该功能。

```
ros@ros-pc: ~
ros@ros-pc:~$ sudo apt-get remove htop
Reading package lists... Done
Building dependency tree
Reading state information... Done
The following packages will be REMOVED:
  htop
0 upgraded, 0 newly installed, 1 to remove and 149 not upgraded.
After this operation, 215 kB disk space will be freed.
Do you want to continue? [Y/n] y
(Reading database ... 175115 files and directories currently installed.)
Removing htop (2.0.1-1ubuntu1) ...
Processing triggers for man-db (2.7.5-1) ...
Processing triggers for gnome-menus (3.13.3-6ubuntu3.1) ...
Processing triggers for desktop-file-utils (0.22-1ubuntu5.1) ...
Processing triggers for bamfdaemon (0.5.3~bzr0+16.04.20160824-0ubuntu1) ...
Rebuilding /usr/share/applications/bamf-2.index...
Processing triggers for mime-support (3.59ubuntu1) ...
ros@ros-pc:~$
```

图 1-51　从 Ubuntu 中删除软件包

图 1-52 所示为使用 apt-get 命令安装 Debian 包。安装文件位于终端中的当前路径下，Debian 文件的名称是 htop. deb，所以我们可以使用如下指令安装：$ sudo apt-get install ./htop. deb。

17）dpkg-i：在 Ubuntu 中安装软件包。

dpkg 命令是另一种安装 Debian 包的方式。

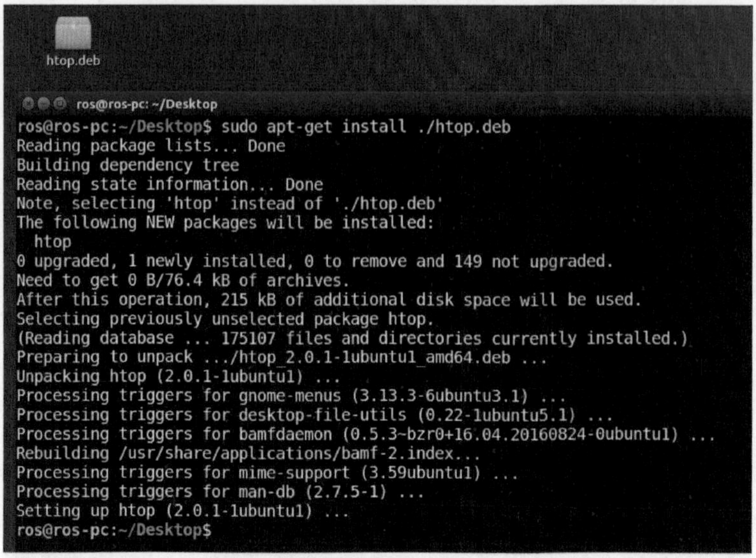

图 1-52　使用 apt-get 命令在 Ubuntu 中安装 Debian 包

```
Usage:dpkg <command_arguments> debian file name
Example:dpkg -i htop.deb
```

图 1-53 所示为使用 dpkg 命令安装 Debian 包。

图 1-53　使用 dpkg 命令在 Ubuntu 中安装 Debian 包

18）reboot：重启系统。

可以使用 reboot 命令重启系统（见图 1-54）。

```
Usage:sudo reboot
```

19）poweroff：关闭系统。

如果要立刻关闭系统，可以使用 poweroff 命令（见图 1-55）。

Usage:$ sudo poweroff

图 1-54 重启系统

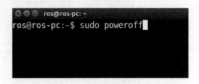

图 1-55 关闭系统

20）htop：查看终端进程。

htop 是 Linux 中的一个终端进程查看器（见图 1-56）。它并非默认安装在系统中，用户必须使用 apt-get 安装。这一命令对于管理进程十分有用。

Usage:htop

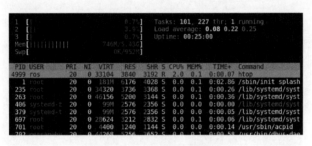

图 1-56 终端进程查看器

21）nano：终端文本编辑器。

当使用终端工作时，nano 是一个十分有用的文本编辑器，可以让用户在终端中编写代码，如图 1-57 所示。

Usage:$ nano file_name
Example:$ nano test.txt

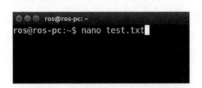

图 1-57 终端中的文本编辑器

图 1-58 所示为 nano 的运行界面。在这个文本编辑器中，用户可以输入

代码。

图 1-58　nano 的运行界面

当完成代码后，按 <Ctrl + O> 组合键来保存文件。当被要求输入文件名称时，可以输入一个新的文件名或者使用一个已有的文件名，按 <Enter> 键保存，如图 1-59 所示。

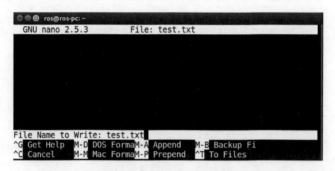

图 1-59　在终端中的 nano 文本编辑器中保存文件

按 <Ctrl + X> 组合键从文本编辑器中退出。如果要再次打开这个文件，可以使用 nano file_name 命令。

1.5　本章小结

本章讨论了 Ubuntu 操作系统的基础知识、安装方法，以及在机器人编程时所需要的重要 shell 命令。本章内容在基于 ROS 进行应用开发之前很重要，读者应该对 Linux 和它的命令有基本的理解。Linux 环境和它的命令是学习 ROS 的必备先修知识。本书介绍了学习 ROS 所需要的所有前提知识，而本章是学习 ROS 的第一步。

第 2 章
机器人编程的 C++ 基础知识

第 1 章详细介绍了如何在 VirtualBox 虚拟机和一台真正的计算机上安装 Ubuntu，以及一些在机器人编程中会用到的重要 shell 命令。要编写机器人的各种应用程序，另外一项重要的要求就是学习一些编程语言。使用这些语言可以根据不同的应用目的对机器人进行编程。在进行机器人编程时非常常用及流行的编程语言是 C++ 和 Python，偶尔也会使用 Java 和 C#这样的语言。

本章将讨论 C++ 的一些重要基础概念和编译过程。当开始使用 ROS 时，这些概念肯定会对用户有所帮助。这些内容主要包括面向对象的编程（OOP），以及使用 Make 和 CMake 工具进行代码的编译。本章默认读者已经对 C 语言有了一些基本的了解，所以本书直接从 C++ 的基础知识开始介绍。

2.1 C++ 入门

我们可以将 C++ 定义为 C 语言的加强版。C++ 语言最初被称为"带类的 C"，是由计算机程序员 Bjarne Stroustrup 在 1979 年开发的。他的主要工作是将面向对象的编程添加到 C 语言中，从而使 C 语言获得更强的可移植性，并且不会牺牲速度和底层功能。和 C 一样，C++ 也是一种需要被编译的语言，它需要一个编译器将源代码转换为可执行代码。

下面介绍 C++ 语言的发展史。

1983 年，"带类的 C"改称为 C++。++ 运算符用于使一个变量自加 1，所以 C++ 是一种带有新特点的 C 语言。1990 年，Borland 的 Turbo C++ 编译器作为一个商业产品正式发布。1998 年，C++ 标准发布为 C++ ISO/ IEC 14882：1992（C++98）。2005 年，C++ 标准委员会发布了一份最新版 C++ 标准的新增特点报告。2011 年，新的 C++ 标准完成。Boost 库（www.boost.org）对新标准修订发挥了巨大的影响。

Boost C++ 库是由一系列为 C++ 编程提供任务与结构支持的库函数组成的，如线性代数、多线程、图像处理、常规表达式和单元测试等函数。

2.2 在 Ubuntu Linux 中运行 C/C++

Ubuntu Linux 自带一个内置的 C/C++ 编译器,称为 GCC/G++。GCC 代表 GNU 编译器的集合。它可以编译 C、C++、Objective-C、Fortran、Ada 和 Go 等多种语言,以及这些语言的库。GCC 是 Richard Stallman 为 GNU 项目(www.gnu.org/gnu/thegnuproject)编写的。

2.2.1 GCC 和 G++ 编译器介绍

让我们从 GCC/G++ 编译器开始吧。最新的 Ubuntu Linux 系统预装了 C 和 C++ 编译器,其中 C 语言的编译器是 GCC,C++ 的编译器是 G++。gcc 和 g++ 是这两个编译器的 shell 命令。我们可以在终端中输入这两条命令,查看会发生什么,如图 2-1 所示。

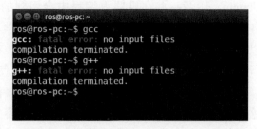

图 2-1 在终端中测试 gcc 和 g++ 命令

如果没有得到图 2-1 中的信息,则代表系统没有预装这些编译器。不用担心,可以使用 apt-get 命令安装这些编译器。

2.2.2 安装 C/C++ 编译器

首先需要使用下面的命令从软件库中更新 Ubuntu 软件包列表:

```
$ sudo apt-get update
```

然后安装 C/C++ 编译器需要的依赖包:

```
$ sudo apt-get install build-essential manpages-dev
```

build-essential 包和其他许多基础包有关,它们共同用于 Ubuntu Linux 中的软件开发。

最后安装 C/C++ 编译器:

```
$ sudo apt-get install gcc g++
```

2.2.3 验证安装 C/C++ 编译器

安装完前面的包之后,可以使用下面的命令检查安装是否正确:

```
$ whereis gcc
$ whereis g++
```

这些命令可以查看 gcc/g++ 命令及其使用说明页的路径。下面的命令则可以显示当前正在使用的编译器及其系统路径:

```
$ which gcc
$ which g++
```
以下命令可以显示编译器的版本号：
```
$ gcc version
$ g++ version
```
图 2-2 所示为以上命令的输出结果。

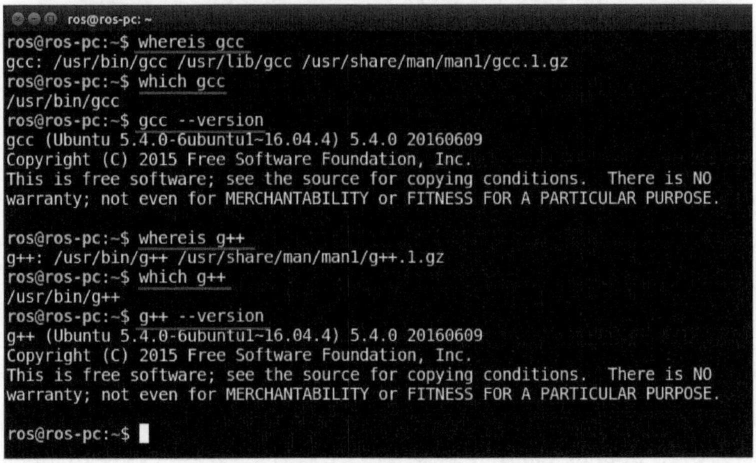

图 2-2 在终端中测试验证安装命令

2.2.4 GNU 项目调试器 GDB 简介

下面介绍 C/C++ 的调试器。什么是调试器呢？调试器是一个可以运行和控制另一个程序的程序，通过检查每一行代码来检查程序的问题或 Bug。

Ubuntu Linux 自带一个名为 GNU Debugger 的调试器，简称 GDB（www.gnu.org/software/gdb/），它是 Linux 系统中最流行的 C 和 C++ 程序调试器之一。

2.2.5 在 Ubuntu Linux 中安装 GDB

此处介绍 Ubuntu 中安装 GDB 的指令。

最新版本的 Ubuntu 中已经安装了 GDB。如果用户正在使用其他版本，则可以使用如下命令安装 GDB：
```
$ sudo apt-get install gdb
```

2.2.6 验证安装 GDB

为了检查 GDB 是否已经准确安装在计算机中，可以使用以下命令：
```
$ gdb
```
如果在终端中输入 gdb，则会显示图 2-3 所示的信息。

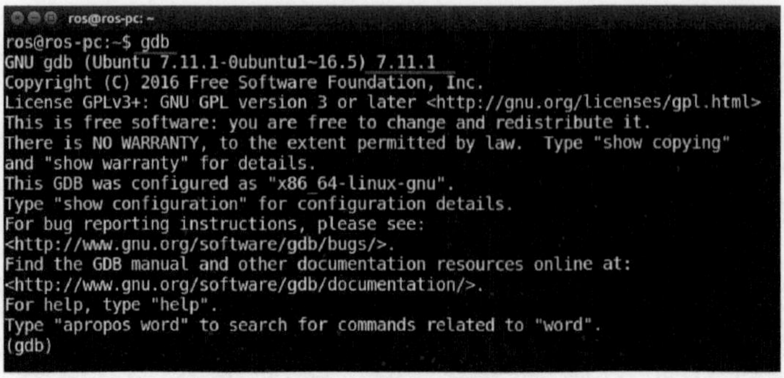

图 2-3 测试 gdb 命令

用户可以使用下面的命令查看 gdb 的版本：

```
$ gdb version
```

2.2.7 编写第一个程序

在本小节中，我们将在 Ubuntu 中编写第一个 C++ 程序，然后编译并调试，以找到代码中的错误。

下面开始在 Ubuntu Linux 中编写第一个程序。用户可以使用 Ubuntu 中的 gedit 或 nano 终端文本编辑器来编写代码。gedit 是 Ubuntu 中一个常用的 GUI 文本编辑器。我们已经在第 1 章使用过 nano，现在来试试 gedit。

在 Ubuntu 搜索中查找 gedit（见图 2-4），然后打开该文本编辑器。

图 2-4 在 Ubuntu 搜索中查找 gedit 文本编辑器

gedit 文本编辑器打开后，可看到图 2-5 所示的界面。

这个编辑器非常类似于 Windows 中的 Notepad 或者 WordPad。用户可以在这个文本编辑器中编写第一个 C++ 程序。

图 2-6 所示为在 Linux 中编译的第一个 C++ 程序。

在文本编辑器中编写完成后，保存为 hello_world.cpp。

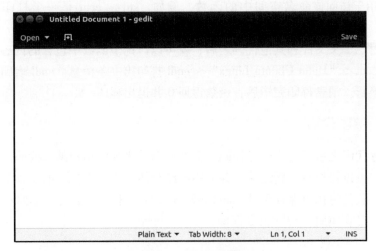

图 2-5　gedit 文本编辑器

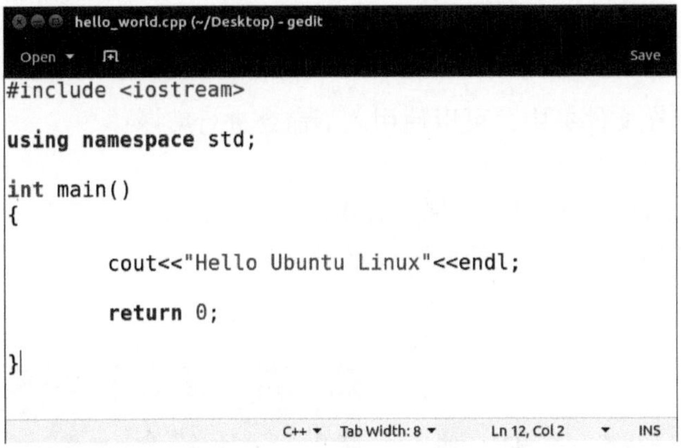

图 2-6　第一个 C++ 程序

2.2.8　解释代码

hello_world.cpp 代码将打印消息"Hello Ubuntu Linux"。#include <iostream> 是一个 C++ 头文件，包含输入/输出函数，例如，从键盘输入或打印一个消息。在这个程序中，我们只使用打印功能来打印消息，所以有 iostream 就足够了。第二行声明了使用 namespace std，即使用命名空间。

命名空间（www.geeksforgeeks.org/namespace-in-c/）是 C++ 中的一个特性，用于对一组实体进行分组。iostream 库中使用 std 定义命名空间。当使用 namespace std 时，我们可以访问命名空间 std 中包含的所有函数或其他实体，如 cout（）和 cin（）等函数。如果不使用这行代码，则必须在函数前面添加

std::，用于访问该命名空间中的函数，例如，std:: cout 是一个打印消息的函数。

在讨论了头文件和其他代码之后，就可以讨论主函数中包含的内容了。我们使用 cout << "Hello Ubuntu Linux" << endl 打印出一条消息。endl 表明在打印消息后换行。消息打印完毕后，函数返回 0 并退出程序。

2.2.9 编译代码

保存代码之后，进行编译代码。下面的例子将帮助用户编译代码。

用户可以选择一个新终端，并将终端路径切换到保存代码的文件夹下。在本例中，我们将代码保存到/home/Desktop 文件夹中。要更改终端路径到桌面文件夹，必须使用"cd"命令，即：

$ cd Desktop

如果用户已将代码保存在 home 目录中，则不需要运行此命令。

切换到 Desktop 文件夹后，输入下面的命令以列出其中的文件，如图 2-7 所示。

$ ls

如果代码在文件夹中，可以使用以下命令进行编译：

$ g++ hello_world.cpp

G++编译器检查代码，如果没有错误，它会创建一个名为 a.out 的可执行文件。可以使用以下命令执行此文件（见图 2-8）：

$ ./a.out

图 2-7　列出 Desktop 文件夹中的文件

图 2-8　运行及输出可执行文件

此时会输出如下内容：

Hello Ubuntu Linux

至此已经成功编译并执行了第一个 C++代码。现在检查 g++选项，这在接下来的部分中会很有用。

如果要创建具有特定名称的可执行文件，可以使用以下命令：

$ g++ hello_world.cpp -o hello_world

其中，参数-o 用于指定输出可执行文件的名称。因此，上面的命令创建了一个名为 hello_world 的可执行文件。可以使用以下命令执行：

$ ./hello_world

该命令的输出如图 2-9 所示。

图 2-9　运行 hello_world 可执行文件后的输出

2.2.10　调试代码

使用调试器，可以遍历每一行代码并检查每个变量的值。图 2-10 所示为计算两个变量之和的 C++代码。这里将这段代码保存为 sum.cpp。

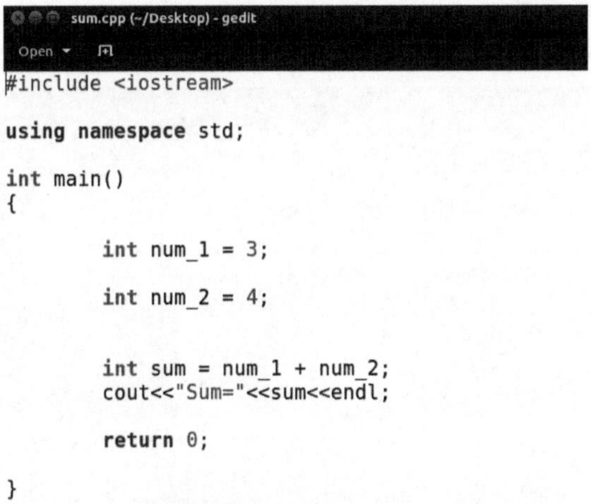

图 2-10　用于对两个变量求和的 C++代码

要调试/检查每一行代码，必须使用 g++ 及 -g 选项来编译 sum.cpp 文件。这将使用调试符号编译代码，并使其能适用于 GDB 调试。下面的命令便使用了调试符号编译代码：

$ g++ -g sum.cpp -o sum

编译后，可以通过运行以下命令执行：

```
$ ./sum
```
命令的输出如图 2-11 所示。

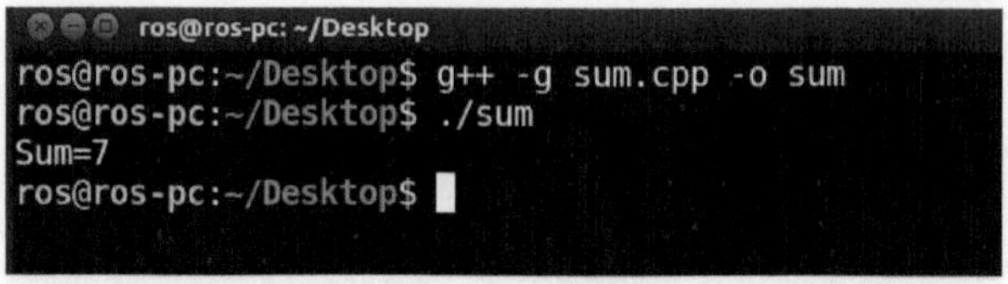

图 2-11 sum.cpp 文件编译并执行后的输出

创建了可执行文件之后，可以通过以下命令调试可执行文件：
```
$ gdb sum
```
sum 是可执行文件的名称。输入上面的命令后，必须使用 GDB 命令进行调试。以下是用户需要记住的重要 GDB 命令。

- b line_number：在给定行号处创建断点。在调试时，调试器会在这个断点处停止。
- n：运行下一行代码。
- r：运行程序到断点位置。
- p variable_name：打印变量的值。
- q：退出调试器。

下面在 sum 程序中测试一下这些命令，每个命令的输出如图 2-12 所示。

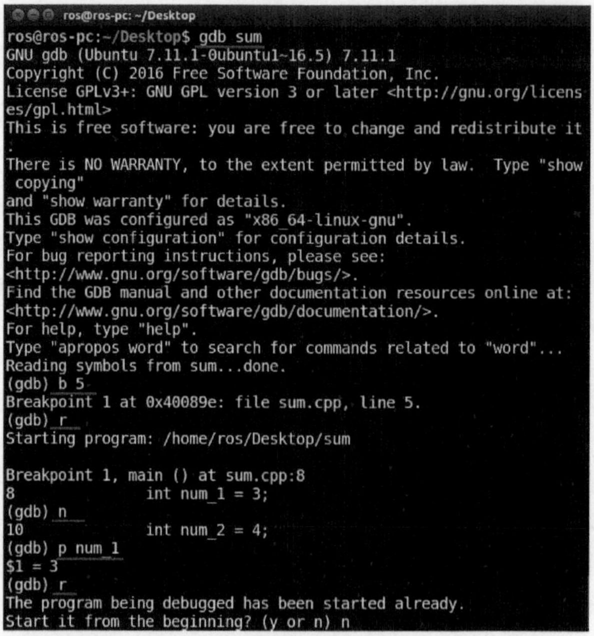

图 2-12 测试 sum 程序中的重要 GDB 命令

现在我们已经学习了编译和调试的基本概念，接下来学习 C++中面向对象的基本概念。下一步将讨论后续几章会用到的一些重要概念。

2.3　从实例中学习 OOP 概念

如果用户已经了解了 C 的结构体，那么了解 OOP（Object Oriented Programming，面向对象编程）概念将不会花费太多时间。在 C 的结构体中，我们可以将不同类型的数据（如整数、浮点数和字符串）封装到一个用户定义的数据类型中。与 C 的结构体类似，C++有一个增强版的结构体，它增加了定义函数的功能。这个增强版本的结构体称为 C++类。C++类的每个实例都被称为对象。对象只是实际类的一个副本。将几个与对象相关的属性称为面向对象编程的概念。接下来用 C++代码解释主要的 OOP 概念。

2.3.1　类和结构体之间的区别

在学习 OOP 概念之前，先介绍结构体和类之间的基本区别。代码列表 2-1 为演示 C++中类和结构体的示例代码，可以帮助我们区分它们。

【代码列表 2-1】　演示 C++中类和结构体的示例代码

```cpp
#include <iostream>
#include <string>
using namespace std;
struct Robot_Struct
{
    int id;
    int no_wheels;
    string robot_name;
};
class Robot_Class
{
public:
    int id;
    int no_wheels;
    string robot_name;
    void move_robot();
    void stop_robot();
};
void Robot_Class::move_robot()
{
```

```cpp
    cout<<"Moving Robot"<<endl;
}
void Robot_Class::stop_robot()
{
    cout<<"Stopping Robot"<<endl;
}
int main()
{
    Robot_Struct robot_1;
    Robot_Class robot_2;
    robot_1.id=2;
    robot_1.robot_name="Mobile robot";
    robot_2.id=3;
    robot_2.robot_name="Humanoid robot";
    cout<<"ID = "<<robot_1.id<<"\t"<<"Robot Name"<<robot_1.robot_name<<endl;
     cout<<"ID = "<<robot_2.id<<"\t"<<"Robot Name"<<robot_2.robot_name<<endl;
     robot_2.move_robot();
     robot_2.stop_robot();
     return 0;
}
```

这段代码定义了一个类和结构体。结构体名称是 Robot_Struct，类名是 Robot_Class。

图 2-13 所示为定义一个结构体。该结构体定义了若干变量，如机器人的编号 id、轮子的数量 no_wheels 和名称 robot_name。

如大家所知，每个结构体都有一个名称，所有变量的声明都在里面。下面进行类的定义，如图 2-14 所示。

结构体和类到底有什么区别呢？结构体只能定义不同的成员变量，但是类除了可以定义多个成员变量之外，还可以声明不同的成员函数

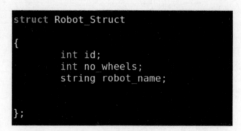

图 2-13　在 C++ 中定义一个结构体

（见图 2-14）。那么函数定义在哪里呢？我们可以在类的内部或外部定义函数。标准的做法是在类的外部定义函数，以保证类定义的简洁性。图 2-15 所示为类中已声明的函数在类外部的定义。

```
class Robot_Class
{
public:
        int id;
        int no_wheels;

        string robot_name;
        void move_robot();
        void stop_robot();

};
```

图 2-14　在 C++ 中定义一个类

```
void Robot_Class::move_robot()
{
        cout<<"Moving Robot"<<endl;
}

void Robot_Class::stop_robot()
{
        cout<<"Stopping Robot"<<endl;
}
```

图 2-15　类中已声明的函数在类外部的定义

在图 2-15 中，第一行的第一项是返回数据的类型，然后是类名，最后是用::连接的函数名，表明函数是包含在类中的。在函数定义中，我们可以添加自己的代码。图 2-15 中所示的代码用来打印一个消息。

至此，我们已经学习了如何在类中定义函数。下一步介绍如何读写变量和函数。

2.3.2　C++ 的类和对象

本小节将介绍如何读/写结构体和类中的变量。图 2-16 所示为创建结构体和类的实例代码。

```
Robot_Struct robot_1;
Robot_Class robot_2;

robot_1.id = 2;
robot_1.robot_name = "Mobile robot";

robot_2.id = 3;
robot_2.robot_name = "Humanoid robot";
```

图 2-16　创建结构体和类的实例代码

与结构体实例类似，我们也可以创建一个类的实例，称为对象。

在图 2-16 中，robot_2 是一个对象，而 robot_1 是结构体的一个实例。使用实例或对象，我们可以访问每一个变量和函数。我们可以使用"."操作符去访问每一个变量。结构体和类中的变量都可以使用"."操作符进行访问。如果是使用结构体或类的指针，则必须使用"->"操作符来访问每个变量。

【代码列表 2-2】 创建一个 C++ 对象并通过引用来访问对象

```
Robot_Class * robot_2;
robot_2 = new Robot_Class;
robot_2 - >id - 2;
robot_2 - >name = "Humanoid Robot";
```

new 操作符可为 C++ 对象分配内存。我们可以使用"."操作符调用类中的函数和打印变量，如图 2-17 所示。

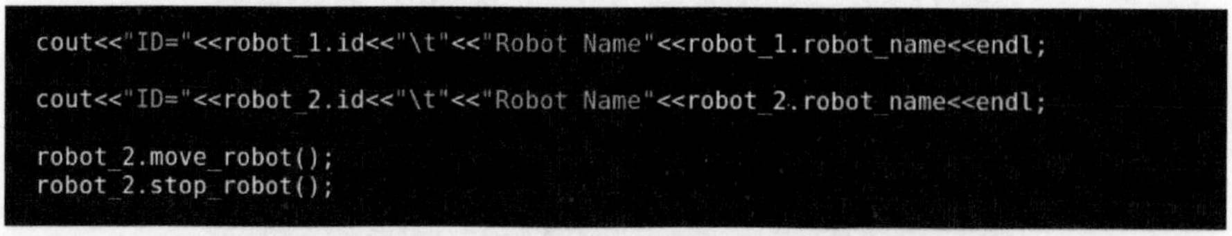

```
cout<<"ID="<<robot_1.id<<"\t"<<"Robot Name"<<robot_1.robot_name<<endl;

cout<<"ID="<<robot_2.id<<"\t"<<"Robot Name"<<robot_2.robot_name<<endl;

robot_2.move_robot();
robot_2.stop_robot();
```

图 2-17 调用函数和打印变量

我们将这段代码保存为 class_struct.cpp，并使用以下命令编译：

$ g++ class_struct.cpp-o class_struct

$./class_struct

图 2-18 所示为这段代码的输出结果。

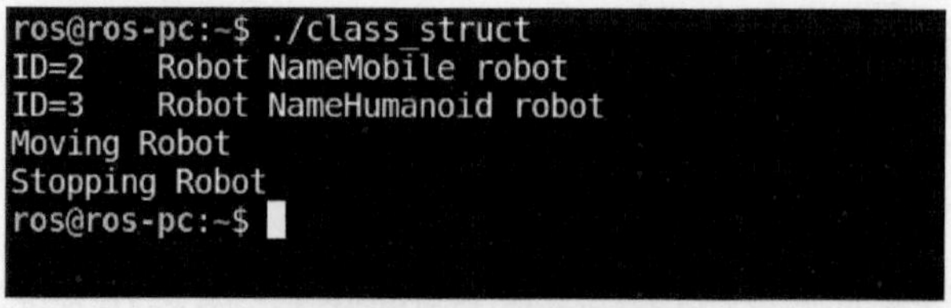

```
ros@ros-pc:~$ ./class_struct
ID=2    Robot NameMobile robot
ID=3    Robot NameHumanoid robot
Moving Robot
Stopping Robot
ros@ros-pc:~$
```

图 2-18 程序的输出结果

读者可访问 www.tutorialspoint.com/cplusplus/cpp_classes_objects.htm，以便进一步参考。

2.3.3 类访问修饰符

在类中，用户也许已经看到了 public:关键字，它被称为成员访问修饰符。图 2-19 所示是代码列表 2-1 中使用的访问修饰符的代码片段。

这一特性也称为数据隐藏。通过设置成员访问修饰符，我们可以限制在类内部定义的函数的使用范围。类中有 3 种访问修饰符。

- public（公有）：一个公有成员可以从类之外的任何地方被访问。人们可以直接访问公共变量，而不需要编写其他辅助函数。

- private（私有）：使用该修饰符号的成员变量或函数，不能从类外部被查看或访问。只有类和友元函数可以访问私有成员。
- protected（保护）：访问非常类似于 private 成员，但是不同的是它的子类可以访问其成员。子类/派生类的概念将在下一小节进行讨论。

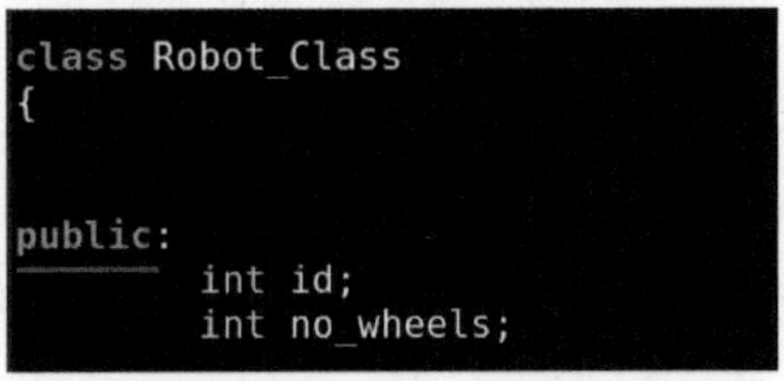

图 2-19　代码列表 2-1 中 public 访问修饰符的代码片段

访问修饰符可以帮助用户将变量分组，这些变量可以在类中保持可见或隐藏。

2.3.4　C++中 Inheritance 的使用

Inheritance 是 OOP 中的另一个重要概念。如果有两个或多个类，并且希望在一个新类中拥有这些类中的函数，那么可以使用 Inheritance 属性。通过使用 Inheritance 属性，用户可以在新类中重用现有类中的函数。我们将要继承现有类的新类称为派生类，将已有的类称为基类。

类可以通过 public、private 或 protected 来继承。下面介绍每种继承类型。

- public inheritance：当派生自 public 基类时，基类的 public 成员成为派生类的 public 成员，并且基类的 protected 成员成为派生类的 protected 成员。基类的 private 成员不能在派生类中访问，但可以通过对基类的 public 和 protected 成员函数的调用来访问。
- private inheritance：当派生自 private 基类时，基类的 public 和 protected 成员成为派生类的 private 成员。
- protected inheritance：当使用 protected 基类继承时，基类的 public 和 protected 成员成为派生类的 protected 成员。

代码列表 2-3 给出了一个 public 继承的简单示例。

【代码列表 2-3】　C++ public 继承的示例

```cpp
#include <iostream>
#include <string>
using namespace std;
class Robot_Class
{
public:
    int id;
    int no_wheels;
```

```cpp
        string robot_name;
        void move_robot();
        void stop_robot();
};
class Robot_Class_Derived: public Robot_Class
{
public:
        void turn_left();
        void turn_right()
};
void Robot_Class::move_robot()
{
        cout<<"Moving Robot"<<endl;
}
void Robot_Class::stop_robot()
{
        cout<<"Stopping Robot"<<endl;
}
void Robot_Class_Derived::turn_left()
{
        cout<<"Robot Turn left"<<endl;
}
void Robot_Class_Derived::turn_right()
{
        cout<<"Robot Turn Right"<<endl;
}
int main()
{
        Robot_Class_Derived robot;
        robot.id=2;
        robot.robot_name="Mobile robot";
        cout<<"Robot ID = "<<robot.id<<endl;
        cout<<"Robot Name = "<<robot.robot_name<<endl;
        robot.move_robot();
        robot.stop_robot();
        robot.turn_left();
        robot.turn_right();
        return 0;
}
```

在本例中，我们创建了一个名为 Robot_ Class_ Derived 的新类，它派生自一个名为 Robot_ Class 的基类。公共继承是通过使用 public 关键字和其后边的基类名（代码片段如图 2-20 所示）来实现的，即在派生类名之后添加一个":"紧接着一个 public 关键字和一个基类名。

```
class Robot_Class_Derived: public Robot_Class
{
public:
        void turn_left();
        void turn_right();
};
```

图 2-20　公共继承的代码片段

Robot_Class 在这种情况下，如果选择公共继承，则可以访问其 public 和 protected 修饰的变量和函数。

我们使用的父类与代码列表 2-1 中使用的 Robot Class 类相同。派生类中函数的定义如图 2-21 所示。

```
void Robot_Class_Derived::turn_left()
{
        cout<<"Robot Turn left"<<endl;
}

void Robot_Class_Derived::turn_right()
{
        cout<<"Robot Turn Right"<<endl;
}
```

图 2-21　派生类中的函数定义

现在让我们看看如何访问派生类中的函数，如图 2-22 所示。

```
Robot_Class_Derived robot;

robot.id = 2;
robot.robot_name = "Mobile robot";

cout<<"Robot ID="<<robot.id<<endl;
cout<<"Robot Name="<<robot.robot_name<<endl;

robot.move_robot();
robot.stop_robot();

robot.turn_left();
robot.turn_right();
```

图 2-22　访问派生类中的函数

这里，我们创建了一个名为 robot 的 Robot_Class_Derived 对象。如果用户仔细阅读代码便可以理解，在 Robot_Class_Derived 中没有声明 id 和 robot_name 变量，而是在 Robot_Class 中定义的。通过使用 inheritance 属性，我们可以在派生类 Robot_Class_Derived 中访问 Robot_Class 的变量。

下面看一下代码的输出。我们可以将此代码保存为 class_inheritance.cpp，并且使用下面的命令来编译：

$ g++class_inherit.cpp-o class_inherit
./class_inherit

此时得到图 2-23 所示的输出，没有显示任何错误。这意味着此公共继承运行良好。

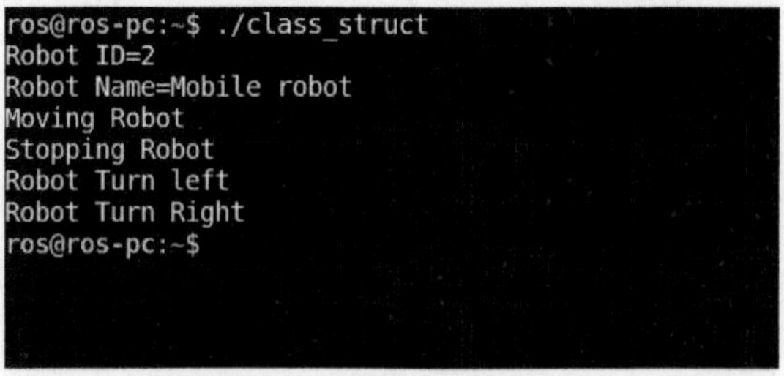

图 2-23　派生类程序的输出

根据输出可以观察到，我们从基类和派生类定义的函数中获取了所有消息。此外，我们还可以访问基类变量并设置它的值。

前面已经介绍了一些重要的 OOP 概念。如果需要了解更多的概念，请参考 http://www.tutorialspoint.com/cplusplus。

2.3.5　C++文件和流

下面介绍 C++ 中的文件操作。我们已经讨论了用于执行文件操作的 iostream 头文件，还需要介绍另一个标准的 C++ 库——fstream。在 fstream 中有以下 3 种数据类型。

- ofstream：表示输出文件流，可创建文件并将数据写入其中。
- ifstream：表示输入文件流，可从文件中读取数据。
- fstream：同时具有读/写能力。

代码列表 2-4 展示了如何使用 C++ 函数读/写文件。

【代码列表 2-4】　从文件中读/写的 C++ 代码示例

```
#include <iostream>
#include <fstream>
#include <string>
using namespace std;
```

```cpp
int main()
{
    ofstream out_file;
    string data = "Robot_ID=0";
    cout << "Write data:" << data << endl;
    out_file.open("Config.txt");
    out_file << data << endl;
    out_file.close();
    ifstream in_file;
    in_file.open("Config.txt");
    in_file >> data;
    cout << "Read data:" << data << endl;
    in_file.close();
    return 0;
}
```

代码必须包含 fstream 头，以获得 C++ 中的读/写数据类型。我们已经创建了一个 ofstream 类对象，其中包含一个名为 open() 的函数，用于打开文件。打开文件后，我们可以使用 "<<" 运算符进行数据写入。写完数据后，关闭文件来为读取操作做准备。为了读入数据，在 C++ 中使用了 ifstream 类对象，并使用 ifstream 类中的 open("file_name") 函数打开文件。打开文件后，可以使用 ">>" 操作符从文件中读取数据。读取完毕后，在终端中打印。写入数据的文件名为 Config.txt，其中数据是一个机器人的相关参数。图 2-24 所示为编译并运行代码后的输出结果。

图 2-24　编译并运行代码后的输出结果

此时可以看到 Config.txt 已经在桌面文件夹中被创建了出来。相关详细信息请访问 http://www.tutorialspoint.com/cplusplus/cpp_files_streams.htm。

2.3.6　C++ 中的命名空间

之前介绍了命名空间的概念。本小节将介绍如何创建、在何处使用及如何访问命名空间。代码列表2-5是一个创建和使用两个命名空间的示例。

【代码列表2-5】 C++命名空间的示例代码

```
#include <iostream>
using namespace std;
namespace robot {
    void process(void)
    {
      cout<<"Processing by Robot"<<endl;
    }
}
namespace machine {
    void process(void)
    {
      cout<<"Processing by Machine"<<endl;
    }
}
int main()
{
    robot::process();
    machine::process();
}
```

创建命名空间时，要使用关键词 namespace，后面紧跟这个命名空间的名称。在代码列表2-5中，我们定义了两个命名空间。如果查看代码，就会发现在两个命名空间里定义了相同的函数。这些命名空间用来对实现某一特定操作的一系列函数或类进行分组。通过使用这个命名空间的名称后跟"::函数名"的方式，我们可以访问命名空间里的成员。在这段代码中，我们在命名空间里调用了两个函数，分别是 robot::process()和 machine::process()。

图2-25所示为代码列表2-5中代码的输出。这段代码被保存为 namespace.cpp。

图2-25 代码列表2-5中代码的输出

更多的参考内容，可以访问 www.tutorialspoint.com/cplusplus/cpp_exceptions_handling. htm。

2.3.7 C++的异常处理

异常处理（Exception Handling）是 C++中的一种新特性，它可以用来处理当用户输入代码后产生非预期的输出响应的情况。异常通常出现在运行阶段。代码列表 2-6 是 C++异常处理的一个例子。

【代码列表 2-6】 C++异常处理的实例

```cpp
#include <iostream>
using namespace std;
int main()
{
    try
    {
        int no_1 =1;
        int no_2 =0;

        if(no_2 ==0)
        {
            throw no_1;
        }

    }

    catch(int e)

    {
        cout <<"Exception found:"<<e<<endl;
    }

}
```

我们主要用 3 个关键词来处理异常情况。
- try：在 try 后面的测试块中编写可能会引发异常的代码。
- catch：如果 try 后的测试块中出现了异常，则 catch 后面的代码块会捕捉这个异常，然后我们可以决定如何处理这个异常情况。
- throw：当开始出现问题时，我们可以从 try 的测试块中抛出一个异常。该异常可以被后边的 catch 块捕捉到。

代码列表 2-7 展现了异常处理的基本结构。

【代码列表 2-7】 异常处理的基本结构

```
try
{
    //我们自己的代码片段
}
catch(Exception name)
{
    //异常处理代码片段
}
```

代码列表 2-6 中的代码用于检测 no_2 是否为 0。当 no_2 为 0 时，就会抛出一个由 throw 关键词 no_1 引发的异常，然后 catch 块会接收 no_1 的值用于检查。

图 2-26 所示为代码列表 2-6 的输出。

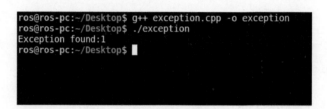

图 2-26　代码列表 2-6 的输出

我们可以在 catch 块中打印异常值（也就是 no_1 的值，即 1）。

异常处理被广泛地运用于简单的程序调试。

更多的参考内容，可以访问 https://www.geeksforgeeks.org/exception-handling-c/。

2.3.8　C++的标准模板库

如果要使用一些数据结构，如列表（list）、堆栈（stacks）、数组（arrays）等，标准模板库（Standard Template Library，STL）是最好的选择。STL 为计算机科学提供了多样的标准算法的实现，比如排序和搜索，以及类似于向量、列表、队列等的数据结构。这是一个先进的 C++ 理念，如果要浏览相关信息，可以访问 https://www.geeksforgeeks.org/the-c-standard-template-library-stl/。

2.4　建立一个 C++ 工程

现在用户已经学习了一些重要的 OOP 概念，下面介绍如何建立 C++ 工程。想象一下，如果有成百上千个源代码文件，而且需要编译、链接它们，该如何处理？本节将讨论这个问题。

如果要使用多个源代码文件，需要使用 Linux Makefile、CMake 工具来编译、链接工程。

2.4.1 建立一个 Linux Makefile

Linux Makefile 可以非常方便地用一个指令来编译一个或多个源文件，并生成可执行文件。下面通过一个简单的工程来说明 Linux Makefile 的功能。

这里将编写代码来对两个数求和，为此要先建立一个类。当编写 C++类的时候，我们可以在主要的源代码中声明及定义这个类。另外一种声明和定义类的方式是使用.h 文件和.cpp 文件，并把.h 文件包含到.cpp 文件中。这种方法对整个项目的模块化很有帮助。我们的工程包含以下 3 个文件。

- main.cpp：是将要构建的主要代码文件。
- add.h：add 类的头文件，包含一个类的声明。
- add.cpp：这个文件里含有 add 类的全部定义。

最好将类、头文件、.cpp 文件用同一个名称命名。这里我们建立 add 类，所以头文件名是 add.h 和 add.cpp。

代码列表 2-8～代码列表 2-10 提供了每个文件的代码。

【代码列表 2-8】 add.h

```
#include <iostream>
class add
{
public:
    int compute(int no_1,int no_2);
};
```

【代码列表 2-9】 add.cpp

```
#include "add.h"
int add::compute(int a, int b)
{
    return(a+b);
}
```

【代码列表 2-10】 main.cpp

```
#include "add.h"
using namespace std;
int main()
{
```

```
    add obj;
    int result=obj.compute(43,34);
    cout<<"The Result:="<<result<<endl;
    return 0;
}
```

在 main.cpp（见代码列表 2-10）中，我们首先通过包含 add.h 头文件来访问 add 类，然后创建了 add 类的一个对象，并将两个数传递给 compute() 函数，最后打印结果。

我们可以使用以下命令编译并执行代码列表 2-10 中的代码：

$ g++ add.cpp main.cpp -o main
$ ./main

对于编译单个源代码，g++ 命令的使用很容易，但是如果我们想要编译若干个源代码，那么 g++ 命令就不那么方便了。Linux Makefile 提供了一种组织、编译多个源代码文件的方法。代码列表 2-10 展示了如何通过编写 makefile 文件来编译代码。

代码列表 2-11 中的代码需要保存为 makefile。

【代码列表 2-11】 一个 Linux Makefile

```
CC=g++
CFLAGS=-c
SOURCES=main.cpp add.cpp
OBJECTS=$(SOURCES:.cpp=.o)
EXECUTABLE=main
all: $(OBJECTS) $(EXECUTABLE)
$(EXECUTABLE): $(OBJECTS)
        $(CC) $(OBJECTS) -o $@
.cpp.o: *.h
    $(CC) $(CFLAGS) $< -o $@
clean:
    -rm-f $(OBJECTS) $(EXECUTABLE)
.PHONY: all clean
```

将代码列表 2-11 中的代码保存为 makefile 之后，我们必须执行以下命令来进行编译：

$ make

这样就编译了源代码，如图 2-27 所示。

在使用 make 命令编译之后，可以使用以下命令执行程序：

$ ./main

结果如图 2-28 所示。

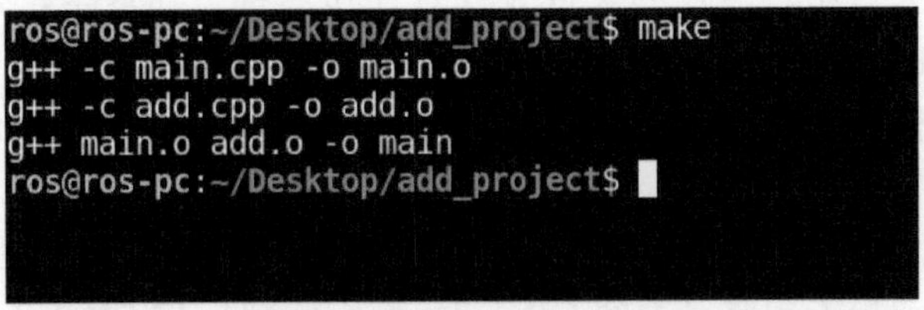

图 2-27 编译源代码

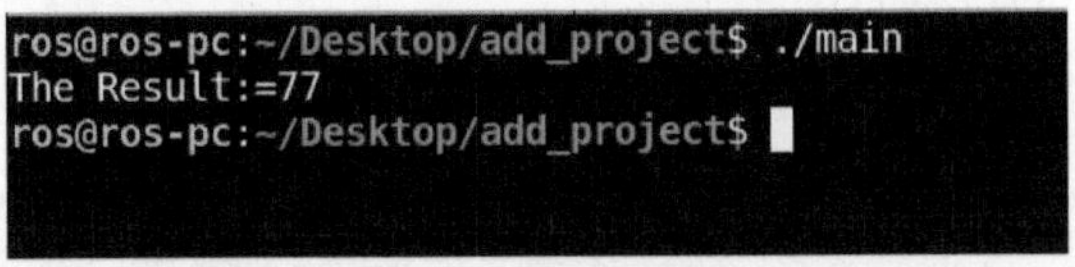

图 2-28 main 代码执行后的输出结果

可以通过 https://www.bogotobogo.com/cplusplus/gnumake.php 了解更多关于 Linux Makefile 的信息。

2.4.2 创建一个 CMake 文件

CMake（https://cmake.org）是构建 C++ 工程的另一种工具。CMake 代表 cross-platform makefile。它是一个开源工具，可以跨操作系统编译、测试和打包软件。

我们可以使用以下命令安装 CMake：

```
$ sudo apt-get install cmake
```

安装之后，需要将代码列表 2-12 保存为 CMakeLists.txt。

【代码列表 2-12】 CMakeLists.txt 文件

```
cmake_minimum_required(VERSION 3.0)
set(CMAKE_BUILD_TYPE Release)
set(CMAKE_CXX_FLAGS "${CMAKE_CXX_FLAGS}-std=c++14")
project(main)
add_executable(
    main
    add.cpp
    main.cpp
)
```

这段代码的意思一目了然，它仅仅设置了 C++ 标识，并从源代码 add.cpp 和 main.cpp 中创建了一个名为 main 的可执行文件。CMake 命令的使用说明可以在 https://cmake.org/documentation/ 中找到。

将上述命令保存为 CMakeLists.txt 文件之后，我们还需要创建一个用于构建工程的文件夹。用户可以为文件夹设置任何名称。在这里，我们使用 build 作为该文件夹的名称：$ mkdir build。

在创建文件夹之后，切换到 build 文件夹，在当前文件夹中打开终端，并在该路径下执行以下命令：

```
$ cmake ..
```

此命令会解析工程路径中的 CMakeLists. txt，然后将 CMakeLists. txt 转换为 makefile，这样我们就可以通过 makefile 进行编译了。基本上可以说，它使编写 Linux Makefile 的过程自动化了。

如果在执行 cmake.. 命令之后一切都成功，应该得到图 2-29 所示的输出。

```
ros@ros-pc:~/Desktop/add_project/build$ cmake ..
-- The C compiler identification is GNU 5.4.0
-- The CXX compiler identification is GNU 5.4.0
-- Check for working C compiler: /usr/bin/cc
-- Check for working C compiler: /usr/bin/cc -- works
-- Detecting C compiler ABI info
-- Detecting C compiler ABI info - done
-- Detecting C compile features
-- Detecting C compile features - done
-- Check for working CXX compiler: /usr/bin/c++
-- Check for working CXX compiler: /usr/bin/c++ -- works
-- Detecting CXX compiler ABI info
-- Detecting CXX compiler ABI info - done
-- Detecting CXX compile features
-- Detecting CXX compile features - done
-- Configuring done
-- Generating done
-- Build files have been written to: /home/ros/Desktop/add_project/build
```

图 2-29　cmake.. 命令的输出

在这之后，用户可以通过输入 make 指令（$ make）来编译工程。如果成功，那么项目就可以被执行了（$./main）。

图 2-30 所示为 make 指令和运行可执行文件后的输出。

```
ros@ros-pc:~/Desktop/add_project/build$ make
Scanning dependencies of target main
[ 33%] Building CXX object CMakeFiles/main.dir/add.cpp.o
[ 66%] Building CXX object CMakeFiles/main.dir/main.cpp.o
[100%] Linking CXX executable main
[100%] Built target main
ros@ros-pc:~/Desktop/add_project/build$ ls
CMakeCache.txt  CMakeFiles  cmake_install.cmake  main  Makefile
ros@ros-pc:~/Desktop/add_project/build$ ./main
The Result:=77
```

图 2-30　make 指令和运行可执行文件后的输出

2.5　本章小结

本章介绍了 C++编程语言的基础知识，以及如何在 Ubuntu Linux 中使用 C++编程。掌握 C++的相关知识是使用 ROS 的前提。在这一章中，我们首先介绍了 GCC 编译器和如何用 GCC 编译器编译一个 C++文件。接着我们讨论了 C++中面向对象的概念，对比了 C++中的类与 C 语言中结构体的基本区别，介绍了面向对象编程的重要概念、访问修饰符（Access Modifiers）和继承（inheritance），并给出了这些概念的示例。然后，我们讲解了 C++ 中文件的运行、命名空间、异常处理（Exception Handling）和标准模板类库（STL）。最后，我们介绍了如何用 Linux Makefile 和 CMakeLists.txt 文件来编译 C++ 源代码文件。

下一章我们将介绍如何在 Ubuntu 中使用 Python 编程。

第 3 章
机器人编程的 Python 基础

上一章讨论了用于机器人编程的 C++ 的基本知识和面向对象编程的概念。在本章中,我们将介绍用于机器人编程的 Python 语言基础知识。

C++ 和 Python 都是机器人编程中普遍使用的语言。如果用户在意执行效率,则可以使用 C++,但是如果更倾向于编程的简洁性,那就应该选择 Python。比如,要开发机器人视觉相关的应用,则可以选择 C++,因为它可以使用较少的运算资源获得较快的执行速度;同样的情况使用 Python,则需要消耗更多的运算资源,但是它在应用开发的速度上更有优势。总体而言,为机器人应用选择编程语言是开发时间和运行性能之间的一种权衡。

3.1 开始使用 Python

Python 编程语言是一种被广泛使用的面向对象的通用高级编程语言,通常用于编写脚本。与 C++ 相比,Python 是一种可以逐行执行的解释性语言,由 Guido van Rossum 于 1989 年开始开发,第一次内部发布是 1990 年。它是一款开源软件,由非营利的 Python 软件基金会负责管理(www.python.org/psf/)。

Python 的主要设计理念是代码和语法的可读性,允许程序员使用更少的代码行来实现他们的目的。

在机器人应用程序中,如果需要的计算量较少,如使用串行通信协议向设备写入数据、从传感器记录数据、创建用户界面等,则通常首选 Python。

以下是 Python 编程语言发展的主要里程碑。
- 该项目始于 1989 年。
- 第一版于 1994 年发行。
- 第二版于 2000 年发布。
- 第三版于 2008 年发布。
- 2010 年发布了一个流行至今的版本 Python 2.7。
- 最新版的 Python 3.6 于 2016 年发布。

3.2 Ubuntu/Linux 中的 Python

3.2.1 Python 解释器的介绍

现在开始学习在 Ubuntu Linux 中编写 Python 代码。与 GNU C/C++ 编译器一样，Python 解释器也预装在 Ubuntu 中。图 3-1 所示的命令 $ python 展示了系统默认的 Python 解释器的版本。

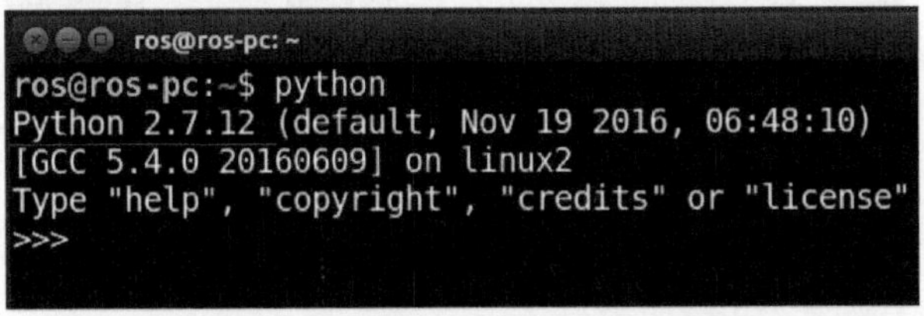

图 3-1 终端中的 Python 解释器

可以看到，当前默认的 Python 版本是 2.7.12。在输入 Python 命令后按两次 <Tab> 键，还可以获得已安装的 Python 版本的列表。图 3-2 所示为 Ubuntu 中可用的 Python 版本列表。

图 3-2 Ubuntu 中可用的 Python 版本列表

在这里，你可以看到若干个 Python 命令，它们分别服务于两个不同的版本 2.7.12 和 3.5.2。python、python2 和 python2.7 命令用于启动 2.7.12 版本，其余的命令则用于启动 3.5.2 版本。python3m 和 python3.5m 是带有 pymalloc 的版本，它比使用 malloc 的默认内存进行分配的性能要好（请参阅 https://www.python.org/dev/peps/pep-3149/#proposal）。

3.2.2 在 Ubuntu 16.04 LTS 中安装 Python

如前所述，Python 在 Ubuntu 中是预装的，但是也可以通过下面的命令手动安装：

```
$ sudo apt-get install python python3
```

我们还可以通过源代码安装 Python。

3.2.3 验证 Python 的安装

本小节介绍如何检查 Python 可执行路径和版本。

下面检查 Python 和 Python 3.5 版本的当前路径（见图 3-3）。

```
$ which python
$ which python3.5
```

图 3-3 Python 和 Python3.5 版本的位置

如果要查看 Python 及 Python 3.5 的二进制文件、源文件和文档的位置，可使用以下命令（见图 3-4）：

```
$ whereis python
$ whereis python3.5
```

图 3-4 Python 解释器、源代码和文档的位置

3.2.4 编写第一个 Python 程序

第一个程序将打印一条"Hello World"的消息，让我们看看如何使用 Python 实现。在开始编程之前，我们需要首先了解 Python 编程的两种方法。

- 在 Python 解释器中直接编程。
- 编写 Python 脚本并使用解释器运行。

这两种方法以相同的方式工作。第一个方法中的代码在解释器中逐行执行。第二个方法则要求在文件中写入所有代码，然后使用解释器执行。

标准的做法是使用 Python 脚本编写代码，但是可以使用 Python 的命令行解释器（第一种方法）来测试一些代码片段。下面尝试在 Python 解释器的命令行界面中打印"Hello World"消息（见图 3-5）。

```
ros@ros-pc:~$ python
Python 2.7.12 (default, Nov 20 2017, 18:23:56)
[GCC 5.4.0 20160609] on linux2
Type "help", "copyright", "credits" or "license" for more i
nformation.
>>> print 'Hello World'
Hello World
>>>
```

图 3-5　在 Python 2.7 中打印 "Hello World" 消息

从图 3-5 可以看出，用 Python 打印消息非常容易。只需输入 print 语句和被打印的消息字符串，然后按 <Enter> 键即可。

>>> print 'Hello World'

如果要在 Python 3.0 以上的版本中执行 Hello World 程序，那么需要对 Python 语句做一些更改。Python 3.x 和 Python 2.x 的主要差别可以在 https://wiki.python.org/moin/Python2orPython3 中找到。与 Python 2.x 中使用的 print 语句不同，在 Python 3.x 中使用下面的语句来打印消息（见图 3-6）。

>>> print('Hello World')

```
ros@ros-pc:~$ python3.5
Python 3.5.2 (default, Nov 23 2017, 16:37:01)
[GCC 5.4.0 20160609] on linux
Type "help", "copyright", "credits" or "license" for more i
nformation.
>>> print('Hello World')
Hello World
>>>
```

图 3-6　在 Python 3.x 中打印 "Hello World" 消息

下面开始使用 Python 编写脚本。使用脚本时，我们将代码写入扩展名为 .py 的文件中。编写 Python 代码的标准方法请参见 https://www.python.org/dev/peps/pep-0008/。

这里将创建一个名为 hello_world.py 的文件，并在文件中编写代码（见图 3-7）。用户可以使用 gedit 文本编辑器或任何文本编辑器来编辑代码。

```
#!/usr/bin/env python
# -*- coding: utf-8 -*-

__author__     = "Lentin Joseph"
__copyright__  = "Copyright 2017, The Hello World Project"
__credits__    = ["Apress"]
__license__    = "GPL"
__version__    = "0.0.1"
__maintainer__ = "Lentin Joseph"
__email__      = "qboticslabs@gmail.com"
__status__     = "Development"

print 'Hello World'
```

图 3-7　hello_world.py 脚本

除了 print 语句外，读者可能还想知道脚本中其他代码的用途。其实，Python 脚本有一些特定的标准要求，以便使它具有更高的可读性和可维护性。这些额外代码便是这一要求的体现，它们主要描述了软件作者和软件本身的一些信息。

Python 中第一行中的 "#!/usr/bin/env" 称为 Shebang。当执行 Python 代码时，程序加载器将解析这一行命令并使用该语句指定的执行环境来执行代码。这里我们将 Python 设置为执行环境，因此其余代码将在 Python 解释器中执行。

在 https://google.github.io/styleguide/pyguide.html 中有谷歌建议的编码风格。

下一小节将介绍如何运行上述代码。

3.2.5 执行 Python 代码

用户可以将 hello_world.py 保存在 home 文件夹或 Desktop 文件夹下。下面把路径切换到 Desktop 文件夹并执行 Python 代码。

    $ python hello_world.py

如果代码没有任何错误，将显示图 3-8 所示的输出。

图 3-8　执行 hello_world.py 脚本后的输出

还有一种方法可以执行 Python 文件。首先使用下面的命令向给定的 Python 代码提供可执行权限。

    $ chmod a+x hello_world.py

使用 chmod 命令，可以为 Python 代码提供可执行权限。

用户可以通过 http://www.tutorialspoint.com/unix_commands/chmod.htm 进一步了解 chmod 命令。

在给出许可之后，使用以下命令执行 Python 代码。

    $ ./hello_world.py

图 3-9 所示为通过上述方式执行 Python 脚本。

至此，读者了解了如何编写并运行 Python 脚本。下一小节将讨论 Python 的基础语法。这一话题涵盖了很多内容，我们将通过具体的例子来讨论其中的各个部分，以促进读者的理解。

```
ros@ros-pc:~/Desktop$ chmod +x hello_world.py
ros@ros-pc:~/Desktop$
ros@ros-pc:~/Desktop$
ros@ros-pc:~/Desktop$ ./hello_world.py
Hello World
ros@ros-pc:~/Desktop$
```

图 3-9　通过上述方式执行 hello_ world. py 脚本

3.2.6　理解 Python 的基础知识

简单易学是 Python 语言如此受欢迎的主要原因。也正是因为它如此受欢迎，所以网上有海量的 Python 教程资源和很多活跃的技术论坛，我们可以很容易地从中获取技术支持。因为 Python 的代码很短，所以与别的编程语言相比，Python 语言可以更快地帮助建立算法模型。Python 还有非常多的库函数来帮助用户进行开发应用。Python 库的易获得性，也是它优于别的语言的一个重要原因。有了 Python 库，用户就可以利用现有的函数来大幅减少开发时间。

Python 还是一个跨平台的语言，被广泛应用于搜索、网络、图像、游戏、机器学习、数据科学及机器人技术。很多公司都用这种语言来实现一些自动化任务，所以靠 Python 找份工作是比较容易的。

那么学习这门语言有多难呢？如果读者可以完成一项伪代码的编写任务，那么就可以用 Python 写代码，因为它跟伪代码非常相似。

3.2.7　Python 中的新内容

如果读者学过 C++，那么学习 Python 就比较简单了，但是在写 Python 代码时还需要了解一些知识。

1. 静态语言和动态语言

Python 语言是一种动态语言，这意味着我们不必在编程中提供变量的数据类型，它把每个变量都看作一个对象。我们可以给一个变量指定任意数据类型。但在 C++ 中，我们需要先给变量指定一个数据类型，然后只能将那一类型的数据赋给这个变量。

C++ 是一种静态类型的语言，例如，在 C++ 里我们可以这样赋值：

```
int number;
number =10;    //这个有效
number ="10"   //这个无效
```

但在 Python 里，我们则可以这样赋值：

```
#无须考虑数据类型
number =10          #有效
```

```
number = "10"           #也有效
```
所以现在 number 的值是 10。

2. 代码缩进

缩进,就是在一行的开头添加几个空格。在 C++ 中,我们可以使用缩进对代码分块,但这不是强制性的,即使没有缩进也可以编译。然而在 Python 中就不一样了,我们必须保证各代码块有一样的缩进量,否则就会出现缩进的错误。当代码缩进变成强制的之后,代码看起来就会更整齐,可读性也更好。

3. 分号

在 C/C++ 中,每个语句末尾的分号是强制添加的,但是在 Python 中,则不具有强制性。用户可以在 Python 中使用分号作为分隔符,但不能作为终止符。例如,如果要在一行中编写一组代码,则可以将分号作为分隔符来编写它们。

3.2.8　Python 变量

现在读者已经了解了 Python 如何处理变量。图 3-10 所示为在 Python 中给变量赋值并打印不同的原始数据类型,如 int、float 和 string。这里用到的测试环境为 Python 2.7.12 版本。

类似于 C/C++ 中的数组,Python 提供列表(Lists)和元组(Tuples)数据类型。列表中的值可以通过方括号([ ])的列表索引进行访问。例如,可以通过 [0] 访问列表中的第一个元素,它类似于 C/C++ 中的数组。

图 3-11 所示为在 Python 中操作列表的示例。

```
>>> number = 10
>>> number_float = 10.3
>>> name = "Lentin"
>>>
>>> print number
10
>>> print number_float
10.3
>>> print name
Lentin
```

```
>>> number_list = [1,2,3,4,5]
>>>
>>> print number_list
[1, 2, 3, 4, 5]
>>>
>>> print number_list[0]
1
>>>
```

图 3-10　在 Python 中操作变量　　　　图 3-11　在 Python 中操作列表

图 3-12 所示为在 Python 中处理元组的示例。

元组的工作方式与列表类似,但元组包含在()中,而列表则包含在[ ]中。元组是只读列表,因为它的值在初始化后不能被更改,但是在列表中可以修改。

```
>>> number = ("one","two","three","four")
>>>
>>> print number[0]
one
>>> print number[1]
two
>>> print number[1:]
('two', 'three', 'four')
>>>
```

图 3-12　在 Python 中操作元组

Python 提供的另一个内置数据类型是字典（Dictionary）。与实际的字典类似，它有一个键（Key）和一个与之关联的值（Value）。例如，在我们的字典里有词和与其相关联的释义。这里的词便是 Key，Value 就是该词的释义。

图 3-13 所示为在 Python 中操作字典的示例。

```
>>> dict = { "one": 1 , "two" : 2 }
>>>
>>> print dict
{'two': 2, 'one': 1}
>>>
>>> print dict.keys()
['two', 'one']
>>>
>>> print dict.values()
[2, 1]
>>>
>>> print dict["one"]
1
```

图 3-13　在 Python 中操作字典

如果在字典中给出键（Key），则返回与键相关联的值。

在下一小节中，我们将学习 Python 条件语句。

3.2.9　Python 输入和条件语句

与 C++ 类似，Python 中也有 if/else 语句来检查条件。在下面的示例中，读者将看到 Python 如何处理用户输入，以及基于此进行决策。

程序的逻辑很简单，仅要求用户输入移动机器人的命令即可。如果用户输入一个有效的命令，如 move_left、move_right、move_forward 或 move_back，那么程序将输出"Robot is moving Left"等信息，否则它将输出"Invalid command"，如图 3-14 所示。

在 Python 中接收用户的输入，我们可以使用 raw_input（）函数或 input（）函数。raw_input（）函数可接收任何类型的数据，但是 input（）函数只能接收整数类型。下面是 raw_input（）和 input（）函数的语法。

```
var = raw_input("Input message")
```

```
#!/usr/bin/env python
robot_command = raw_input("Enter the command:> ")
if(robot_command == "move_left"):
    print "Robot is moving Left"
elif(robot_command == "move_right"):
    print "Robot is moving right"
elif(robot_command == "move_forward"):
    print "Robot is moving forward"
elif(robot_command == "move_backward"):
    print "Robot is moving backward"
else:
    print "Invalid command"
```

图 3-14　处理 Python 中的输入和条件语句

var = input("Input message")

raw_input() 将变量 var 中的用户输入存储为字符串。

在存储用户的输入之后，我们将输入与命令列表进行比较，然后给出相应的输出。下面是 if/else 语句的语法。

```
if expression1:
    statement(s1)
elif expression2:
    statement(s2)
else:
    statement(s3)
```

在每个表达式之后，用一个冒号来结束表达式，我们还需要对该语句进行缩进。如果不缩进，就会出错。

3.2.10　Python：循环

Python 有 while 和 for 循环，但默认情况下没有 do while 循环。图 3-15 所示为 Python 中 while 循环的用法。在本例中，机器人在 x 和 y 方向上的位置参数会增大，如果到达某个特定位置，程序将在打印消息后终止。

```
#!/usr/bin/env python

robot_x = 0.1
robot_y = 0.1

while (robot_x < 2 and robot_y < 2):
    robot_x += 0.1
    robot_y += 0.1

    print "Current Position ",robot_x,robot_y

print "Reached destination"
```

图 3-15　Python 中 while 循环的用法

下面显示了 while 循环的语法。
```
while expression:
    statement(s)
```
在前面的示例中，表达式（expression）为（robot_x < 2 and robot_y < 2）。表达式中有两个条件。我们在两个条件之间执行 AND 逻辑操作。在 Python 中，and、or 便是逻辑 AND 和逻辑 OR。

如果条件为真，则执行其内部的语句。如前所述，我们必须在这个块中使用适当的缩进。当表达式为假时，则退出循环并输出消息"Reached destination"。

如果运行此代码，将得到图 3-16 所示的输出。

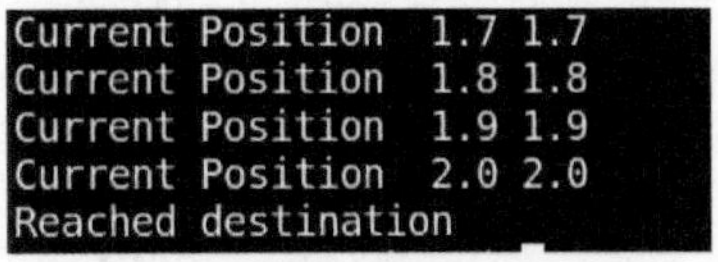

```
Current Position  1.7 1.7
Current Position  1.8 1.8
Current Position  1.9 1.9
Current Position  2.0 2.0
Reached destination
```

图 3-16　Python 代码中 while 循环的输出

我们可以在 Python 中使用 for 循环实现相同的应用。图 3-17 所示为 for 循环的代码。

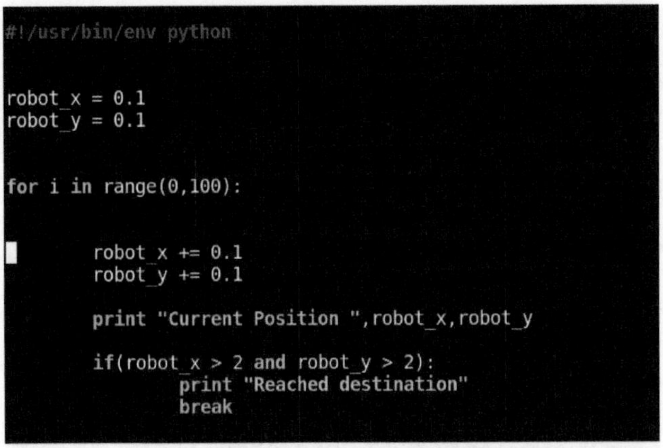

```python
#!/usr/bin/env python

robot_x = 0.1
robot_y = 0.1

for i in range(0,100):

    robot_x += 0.1
    robot_y += 0.1

    print "Current Position ",robot_x,robot_y

    if(robot_x > 2 and robot_y > 2):
        print "Reached destination"
        break
```

图 3-17　Python 中的 for 循环代码

在上述代码中，for 循环从 0 执行到 100，逐渐增加 robot_x 和 robot_y 的值，检查机器人的位置是否在限制范围内。如果超过了限制，它将打印消息并中断 for 循环。

下面是 Python 中的 for 循环语法。
```
for iterating_var in sequence:
    statements(s)
```
图 3-18 所示为上述代码的输出。

3.2.11　Python：函数

众所周知，如果要复用某段代码，可以将它定义为一个函数。大多数编程

```
Current Position 1.7 1.7
Current Position 1.8 1.8
Current Position 1.9 1.9
Current Position 2.0 2.0
Reached destination
```

图 3-18　Python 中 for 循环代码的输出

语言也都具备函数定义的特性。

下面是在 Python 中定义函数的格式。

```
def function_name(parameter):
    "function_docstring"
    function_code_block
    return [expression]
```

Python 中函数定义的顺序非常重要。函数调用应该在函数定义之后。function_docstring 是一段带有函数描述和函数用法示例的注释。在 Python 中，可以使用#对单行进行注释，但是如果要注释位于代码块或 function_docstring 中的内容，可使用以下格式。

```
'''
<Block of code>
'''
```

图 3-19 所示为在 Python 中使用函数的示例。

```python
#!/usr/bin/env python
def forward():
    print "Robot moving forward"
def backward():
    print "Robot moving backward"
def left():
    print "Robot moving left"
def right():
    print "Robot moving right"

def main():
    '''
    This is the main function
    '''
    robot_command = raw_input("Enter the command:>  ")
    if(robot_command == "move_left"):
        left()
    elif(robot_command == "move_right"):
        right()
    elif(robot_command == "move_forward"):
        forward()
    elif(robot_command == "move_backward"):
        backward()
    else:
        print "Invalid command"
if __name__ == "__main__":
    while True:
        main()
```

图 3-19　Python 中使用函数的代码示例

在图 3-19 中，读者可以看到如何在 Python 中定义一个函数及如何调用它。此时，读者可能会对 if_name_ == "_main_" 的用法感到困惑。这是一种常见的用法，与 C++ 中 int main() 的使用方法类似。程序也可以在没有这一行的情况下运行。

根据输入的命令，程序将调用适当的函数，这些函数在代码的顶部被定义，当然还要注意每个代码块中的缩进。图 3-19 中定义的函数没有任何参数，但是如果需要，可以将参数传递给定义的函数。图 3-20 所示为图 3-19 中 Python 函数的输出。

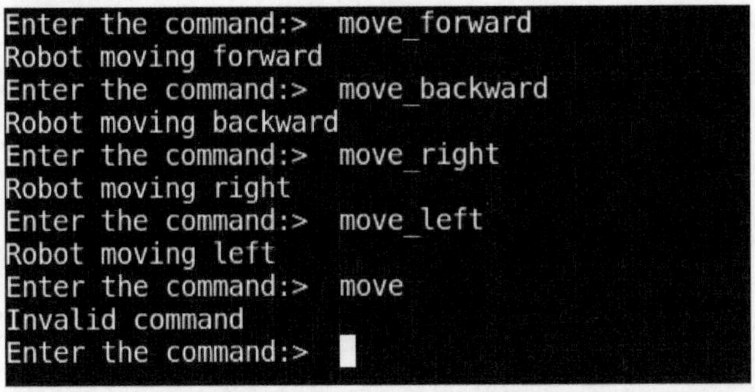

图 3-20 图 3-19 中 Python 函数的输出

3.2.12 Python：异常处理

异常指的是可以中断正常程序指令流的事件。当 Python 遇到问题时，会引发异常。如果捕获了异常，就意味着程序运行出现了错误。异常被抛出后，程序可以处理异常，也可以直接终止运行。在本小节中，我们将了解如何在 Python 中处理异常。

try…except 语句的一个简单示例是用 0 作为除数。图 3-21 所示为 try…except 的示例代码。

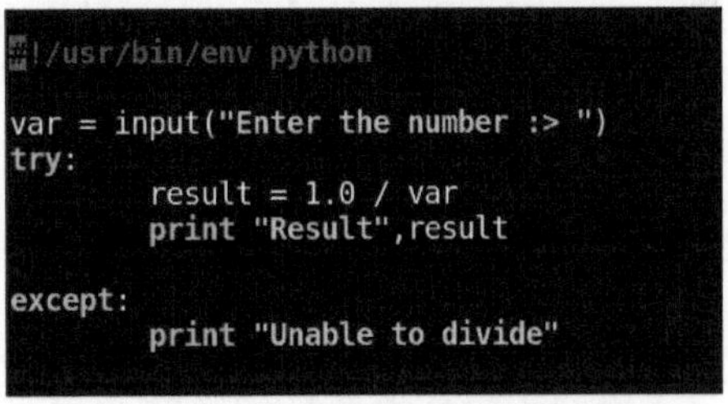

图 3-21 try…except 的 Python 示例代码

只要用户输入 0，就会因为除以零而出现异常，然后 except 里的处理语句便会处理这种异常。

3.2.13 Python：类

这一小节将演示如何在 Python 里编写一个类。正如我们之前所述，Python 是一种像 C++ 一样面向对象的编程语言。OOP 的概念在两种语言中也是一样的。下面是类定义的语法。

```
class ClassName:
    'Optional class documentation string'
    class_suite
```

这里的文档字符串是一个可选组件，class_suite 拥有类成员、数据属性和函数。在 Python 中，类是一个很重要的概念，让我们以图 3-22 所示的类为基础开始类的学习。

```
#!/usr/bin/env python
class Robot:
    def __init__(self):
        print "Started robot"
    def move_forward(self,distance):
        print "Robot moving forward: "+str(distance)+"m"
    def move_backward(self,distance):
        print "Robot moving backward: "+str(distance)+"m"
    def move_left(self,distance):
        print "Robot moving left: "+str(distance)+"m"
    def move_right(self,distance):
        print "Robot moving right: "+str(distance)+"m"
    def __del__(self):
        print "Robot stopped"
def main():
    obj = Robot()
    obj.move_forward(2)
    obj.move_backward(2)
    obj.move_left(2)
    obj.move_right(2)
if __name__ == "__main__":
    main()
```

图 3-22　Python 中类的示例

上面是关于机器人向前、后、左、右移动的例子。程序只是打印消息而没有移动机器人。接下来让我们分析程序的每个部分。

下面的代码是 Python 类的构造函数。当我们创建该类的对象时，它将首先被执行。self 指当前的对象。

```
def __init__(self):
    print "Started Robot"
```

下面的函数是类的析构函数。每当一个对象被销毁时，析构函数就会被调用。

```
def __del__(self):
    print "Robot stopped"
```

我们可以在类中定义方法，其实上述两个函数就展示了在类中定义函数的语法。在所有类的方法中，第一个参数应该是 self，它表示该函数被当前类所拥有。此外还可以通过它访问类内其他成员。第二个参数及其后的参数是可以向函数传递的参数，在下面这个例子中，distance 就是 move_forward () 的参数。

```
def move_forward(self,distance):
    print "Robot moving forward: " + str(distance) + "m"
```

这个类中包含了机器人向前、后、左、右移动的函数。

现在，让我们看一下如何创建类的对象。其实非常简单，只需要下面的一行代码便可以创建对象。创建对象时，类的构造函数将会被调用。

```
obj = Robot()
```

类被实例化之后，我们可以通过以下方法调用类中的每个函数。

```
obj.move_forward(2)
obj.move_backward(2)
obj.move_left(2)
obj.move_right(2)
```

当程序终止时，析构函数将会被调用来销毁对象。

图 3-23 所示为上面示例的输出。

在下一小节中，我们将了解如何在 Python 中操作文件。

```
Started robot
Robot moving forward: 2m
Robot moving backward: 2m
Robot moving left: 2m
Robot moving right: 2m
Robot stopped
```

图 3-23　本小节示例中 Python 类的输出

3.2.14　Python：文件

在机器人应用中，从文件中读写数据是非常重要的，比如，我们可能需要从传感器记录数据，或者编写配置文件等。在本小节中，我们将看到一个示例程序，用于在 Python 中向文件写入和读取文件（见图 3-24）。

当运行代码时，它会要求输入一段文本。该文本数据将被保存到一个文件中，在稍后的程序中还将读取该文件并在屏幕上打印文本。下面是对本程序中使用的 Python 代码的解释。

```
#!/usr/bin/env python


text = raw_input("Enter the text:> ")
file_obj = open("test.txt","w+")
file_obj.write(text)
file_obj.close()

file_obj = open("test.txt","r")
text = file_obj.readline()
print "Read text: ",text
```

图 3-24　Python 文件的读写示例

首先，我们通过下面的命令以读写模式创建一个文件句柄。像 C/ C++ 一样，Python 也有若干种文件操作模式，如读、写、追加等。这里，我们使用追加模式，在此模式下，我们可以对文件进行读/写。并且，如果文件已经存在，它将覆盖现有的文件。

```
file_obj = open("test.txt","w+")
```

然后是写入文件，可以使用以下代码完成。

```
file_obj.write(text)
```

最后是关闭文件，可以使用以下语句。

```
file_obj.close()
```

要再次读取文件，可以使用 r 模式打开文件，语句如下。

```
file_obj = open("test.txt",'r')
```

我们可以使用 readline（） 函数从文件中读取一行。

```
text = file_obj.readline()
```

图 3-25 所示为本小节示例的输出。

```
Enter the text:> Hello Robot
Read text:  Hello Robot
```

图 3-25　本小节示例的输出

3.2.15　Python：模块

在 C++ 中，我们使用头文件来包含一个新类或一组类。在 Python 中，我们将使用模块，而不是头文件。模块可以包含类、函数或变量。我们可以使用 import 命令将模块包含在代码中。下面是 import 语句的语法。

```
import <module_name>例如：import os;import sys
```

这些是 Python 中的标准模块。

如果模块中有一个类列表，而我们只需要一个特定的类，则可以使用下面这行代码。

```
from <module_name> import <class_name>
```

例如，from os import system。

模块中包含的其实也是 Python 代码，我们也可以创建自己的模块。图 3-26 所示为一个 test 模块（即 test.py 文件），其中包含一个 Test 类。它可以被导入到代码中并执行。

上面的 test.py 文件中有一个名为 execute（） 的函数，它可以打印出作为函数参数传递的文本。

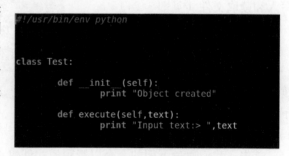

图 3-26　test 模块

图 3-27 所示的 Python 解释器中的代码行显示了如何测试 test 模块。

应该注意的是，test.py 需要位于工程目录下或者在 Python 命令行所在的路径中。例如，如果 test.py 在桌面文件夹 Desktop 中，那么命令行的当前路径也应该在该文件夹下。

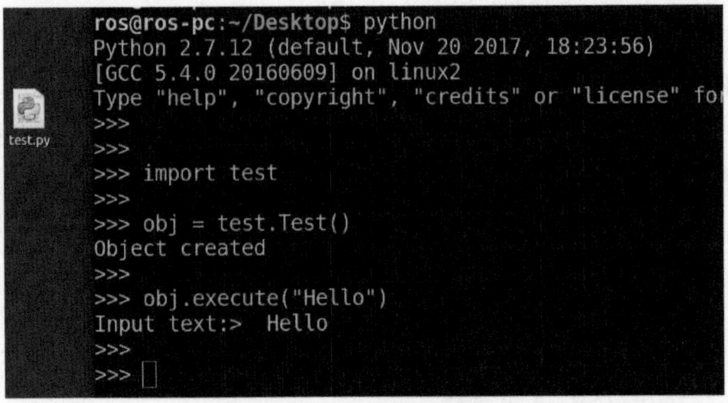

图 3-27 测试 test 模块

在测试中，我们使用 import 语句导入 test 模块并使用以下语句创建一个名为 obj 的对象：

obj = test.Test()

这样便可以访问 test 模块内部的 Test 类。创建对象之后，进一步的，我们可以访问 execute()函数。

读者可以从 http://www.tutorialspoint.com/python/链接获得一些简洁的 Python 教程。

3.2.16 Python：处理串行端口

当我们做机器人的时候，往往需要连接很多的传感器或者是单片机到笔记本电脑上，或者嵌入式计算机上，如树莓派。大多数情况下，设备之间都是通过 USB 或者 UART 进行通信（http://learn.sparkfun.com/tutorials/serial-communication）。在计算机端，我们可以使用 Python 进行串口的读写，这样就可以方便地从传感器/作动器上读取数据，或者向作动器发送控制命令。

Python 中有一个 PySerial 模块，能够在计算机上跟串行端口/COM 口通信（http://pythonhosted.org/pyserial/）。这个模块的使用非常简单。下面，我们来看看如何在 Uhuntu 里用 Python 读/写串口。

3.2.17 在 Ubuntu 16.04 中安装 PySerial

在 Ubuntu 中安装 PySerial 非常简单，只需要执行如下命令即可。

```
$ sudo apt-get update
$ sudo apt-get install python-serial
```

安装完毕后，便可以插入串口设备，如 USB 转串口设备，或者一个实际的串口设备。USB 转串口设备可以把 USB 协议转换为 UART 协议，以下是市面上可买到的非常流行的两种 USB 转串口芯片。

- FTDI（https://www.ftdichip.com/）。
- Prolific（http://www.prolific.com.tw/US/company.aspx? id=1）。

当插入带这些芯片的设备到 Linux 系统中时，它会自动加载设备驱动程序，并创建串口设备，Linux 内核里自带 FTDI 和 Prolific 驱动程序。通过执行 dmesg 命令，我们还可以获得串口设备名称。这一命令可以打印内核信息。

```
$ dmesg
```

当把串口设备连接到计算机之后，执行 dmesg 命令，便可以查看串口设备名称了。在这个例子中设备的名称是/dev/ttyUSB0，如图 3-28 所示。注意，图 3-28 中的路径没显示完整。

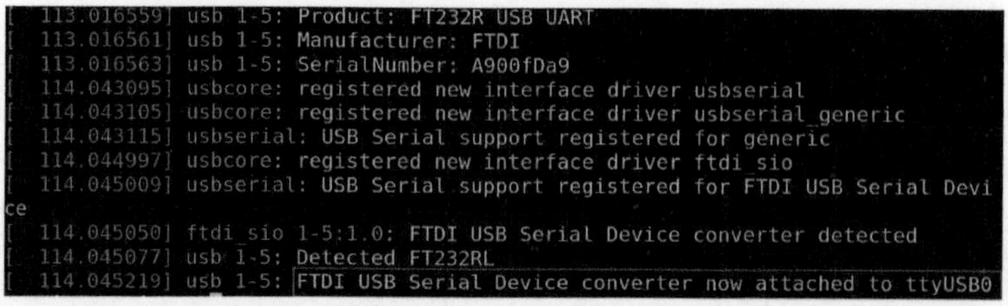

```
[  113.016559] usb 1-5: Product: FT232R USB UART
[  113.016561] usb 1-5: Manufacturer: FTDI
[  113.016563] usb 1-5: SerialNumber: A900fDa9
[  114.043095] usbcore: registered new interface driver usbserial
[  114.043105] usbcore: registered new interface driver usbserial_generic
[  114.043115] usbserial: USB Serial support registered for generic
[  114.044997] usbcore: registered new interface driver ftdi_sio
[  114.045009] usbserial: USB Serial support registered for FTDI USB Serial Devi
ce
[  114.045050] ftdi_sio 1-5:1.0: FTDI USB Serial Device converter detected
[  114.045077] usb 1-5: Detected FT232RL
[  114.045219] usb 1-5: FTDI USB Serial Device converter now attached to ttyUSB0
```

图 3-28　使用 dmesg 命令查看串口设备名称

为了与设备通信，还需要更改设备访问权限，可以使用 chmod 更改权限，也可以通过添加当前用户到 dialout 组里获取串口访问权限。

改变串口设备的访问权限：

```
$ sudo chmod 777 /dev/ttyUSB0
```

或者把用户加入 dialout 组中：

```
$ sudo adduser $USER dialout
```

完成以上工作后，我们就可以用图 3-29 所示的代码访问串口了。

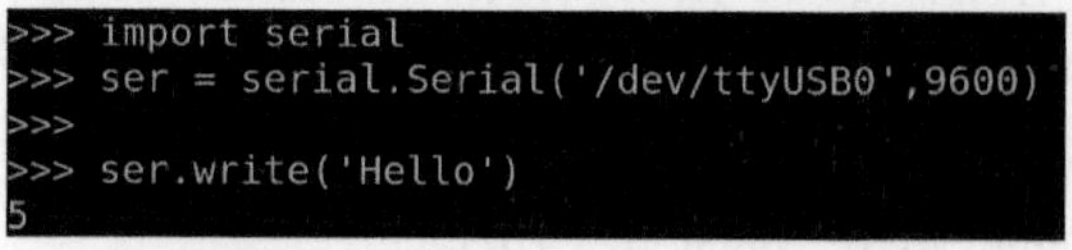

```
>>> import serial
>>> ser = serial.Serial('/dev/ttyUSB0',9600)
>>>
>>> ser.write('Hello')
5
```

图 3-29　访问串口 Python 代码示例

在该代码片段中，我们首先用到了如下代码来导入串口模块：

```
import serial
```

然后以特定波特率打开串口：

```
ser=serial.Serial('/dev/ttyUSB0',9600)
```

最后使用写入串口的指令：

```
ser.write('Hello')
```

如果想从串口读取数据，可使用如下指令：

```
text = ser.readline()
```

也可以使用下列指令：

```
text = ser.read()   #从串口读取一个字节的数据
text = ser.read(10) #从串口读取10个字节的数据
```

我们可以用上面的代码与 Arduino、树莓派或其他串口设备进行交互。在这个链接 http://pyserial.readthedocs.io/en/latest/shortintro.html 里可学习更多关于 Python 串口的程序。

3.2.18　Python：科学计算和可视化

本小节简要介绍一些用于科学计算和可视化的非常流行的 Python 库。

Numpy（https://www.numpy.org/）：用于科学计算的基本包。

Scipy（https://www.scipy.org/）：一个用于数学、科学和工程的开源软件。

Matplotlib（https://matplotlib.org/）：一个 Python 2D 绘图库，可生成高质量的图片。

3.2.19　Python：机器学习和深度学习

Python 在机器学习和深度学习领域同样非常流行。下面是该领域的一些常用的 Python 库。

- TensorFlow（www.tensorflow.org）：一个使用数据流图进行数值计算的开源库。
- Keras（https://keras.io/）：这是一个高级的神经网络 API，能够使用 TensorFlow、Theano 作为后端。
- Caffe（http://caffe.berkeleyvision.org/）：Caffe 是伯克利人工智能研究院和社区开发者共同开发的一个深度学习框架。
- Theano（http://deeplearning.net/software/theano/）：Theano 是一个 Python 库，允许用户高效地定义、优化和评估涉及多维数组的数学表达式。
- Scikit-learn（http://scikit-learn.org/）：Python 中一款简洁的机器学习库。

3.2.20　Python：计算机视觉

本小节介绍两个流行的与 Python 兼容的计算机视觉库。

- Open-CV（https://opencv.org/）：一个开源的计算机视觉库，对学术和商业都是免费的。它有 C++、C、Python 和 Java 接口，支持 Windows、Linux、Mac OS、iOS 和 Android 等操作系统。

- PIL（http://www.pythonware.com/products/pil/）：通过包含该视觉库，可以让 Python 解释器具备图像处理功能。

3.2.21　Python：机器人

ROS 提供了良好的 Python 接口以用于机器人编程，可以通过以下链接进一步探索相关的内容：http://wiki.ros.org/rospy。

3.2.22　Python：集成开发环境（IDE）

IDE 可以帮助我们更快地开发和调试程序。下面是开发中常用到的 3 种 IDE。
- PyCharm（https://www.jetbrains.com/pycharm/）。
- Geany（https://www.geany.org/）。
- Spyder（https://github.com/spyder-ide）。

3.3　本章小结

本章介绍了在 Ubuntu 中用 Python 编程的基本知识。掌握 Python 编程是使用 ROS 的先决条件。我们已经开始尝试在 Ubuntu 中使用 Python 语言，并了解了如何使用 Python 解释器。在学习了解释器之后，我们还了解了如何创建 Python 脚本并在 Ubuntu 中运行。然后我们介绍了 Python 的基本知识，如处理输入、输出、Python 循环、函数和类操作。这些内容之后，我们又学习了如何使用 Python 模块与串口设备通信。在本章的最后列举了一些用于科学计算、机器学习、深度学习和机器人的 Python 库。

在下一章中，我们将讨论机器人操作系统的基础知识及其重要的技术术语。

第 4 章
ROS 概述

在前面的 3 章中，我们讨论了使用机器人操作系统进行机器人编程的先修知识。我们已经学习了 Ubunut Linux、bash 命令、C++ 编程的基本概念及 Python 编程的基础知识。在本章中，我们将正式开始使用机器人操作系统 ROS。在讨论 ROS 概念之前，我们将先讨论如何对机器人编程。讨论结束后，我们将学习更多关于 ROS 的内容，包括如何安装 ROS，以及它的体系结构。

在这之后，我们还将学习 ROS 的基本概念、命令工具和一些 ROS 的例程。之后我们会学习 ROS GUI 工具和 Gazebo 模拟器的基础知识。最后，我们将会学习如何在 ROS 中设置 TurtleBot 3 模拟器及其使用方法。

4.1 什么是机器人编程

众所周知，机器人是一台带有传感器、作动器（电动机）和一个计算单元的机器，它可以根据用户的控制或者基于传感器的输入做出决定。我们可以说机器人的大脑是一个计算单元，它可以是单片机或个人计算机（PC）。机器人的决策和行动完全取决于运行于机器人大脑的程序。这个程序可以是在单片机上运行的固件，也可以是在 PC 或嵌入式计算机上运行的 C/C++ 或 Python 代码，如树莓派。机器人程序设计便是为机器人的大脑（即处理单元）编写程序的过程。

图 4-1 所示是一个通用的机器人框图，显示了机器人可以编程的部分。

任何机器人的主要部件都是作动器和传感器。作动器作为移动机器人的关节，提供旋转或直线运动。伺服电机、步进电机和齿轮减速电机都是常用的作动器。传感器可以反馈机器人的状态和帮助机器人对环境进行感知。机器人传感器包括轮速编码器、超声波传感器和摄像机等。

作动器由电动机驱动器控制，这些驱动器通常又会与单片机/PLC（可编程逻辑控制器）相连接。一些作动器还可以通过 PC 的 USB 由 PC 直接控制。传感器也与单片机和 PC 相连接。其中，超声波传感器、红外传感器等传感器

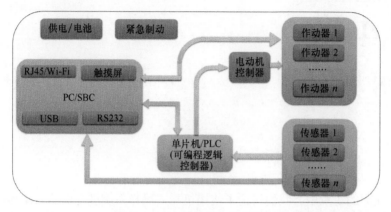

图 4-1　通用的机器人结构框图

通常与单片机相连。高带宽传感器，如相机、激光扫描仪等，可直接与 PC 相连。此外，通常还会有电源/电池来为所有的机器人部件供电，还会有紧急停止按钮，用于停止/重置机器人。我们可以在机器人内部编程的两个主要部分是 PC 和微控制器/PLC，PLC 主要用于工业机器人。

简而言之，机器人编程是针对具体的应用，利用作动器和各种传感器的反馈，对机器人内部的 PC/SBC 和单片机/PLC 进行编程的过程。机器人的应用包括抓取和放置物体，控制机器人从 A 点移动到 B 点等。许多编程语言可以用于开发机器人应用程序。在 PC 中，我们可以使用 C/C++、Python、Java、C#等进行编程。对于单片机，我们可以使用嵌入式 C 语言、用于 Arduino 的 Wiring Language（基于 C++），或 Mbed 编程语言（https://os.mbed.com/）。在工业机器人应用中，我们可以使用 SCADA，或者使用 ABB 和 KUKA 等厂商的专有编程语言。RAPID 是用于 ABB 工业机器人的一种编程语言。

机器人编程可以在机器人中创造一种智能过程以帮助机器人进行自我决策，或者实现像 PID 那样的控制器来移动关节，自动执行重复的任务，或者创造机器人视觉相关的应用。

4.2　为什么机器人编程与众不同

可以说机器人编程是计算机编程的子集。大多数机器人都有一个"大脑"来帮助机器人做决定，它可以是一个微控制器或者 PC。机器人编程与传统编程的不同之处在于，我们要编程的输入和输出设备是不同的。输入设备可以是机器人传感器、示教箱或触摸屏，输出设备可以是液晶显示器或作动器。

我们可以使用任何一种编程语言对机器人编程，但是由于良好的开发社区支持、性能和编程效率，使 C++ 和 Python 语言得到非常广泛的使用。

下面是机器人编程所需的一些特性。

1）线程化。正如我们在机器人的结构框图中看到的，机器人有多个传感器和作动器。我们可能需要兼容多线程编程的语言来实现在不同的线程中使用不同的传感器和作动器，这就是所谓的多任务。各个线程之间需要相互通信，以便交换数据。

2）面向对象编程。我们已经知道，面向对象编程语言可以使程序更加模块化，代码可以很容易地被重用。与非面向对象编程语言相比，代码维护也更容易。这些特性有助于为机器人开发更好的软件。

3）底层设备控制。高层编程语言也可以访问底层设备，如 GPIO（通用输入/输出）引脚、串口、并口、USB、SPI 和 I2C。C/C++ 和 Python 这样的编程语言都可以使用底层设备。这就是为什么这些语言在像 Raspberry Pi 和 Odroid 这样的嵌入式计算机中更受青睐。

4）编程实现的简便性。机器人算法编程实现的简易性是编程语言选择的重要因素。Python 是快速编程以实现机器人算法的一个很好的选择。

5）进程间通信。机器人有很多传感器和作动器，为了实现它们之间的相互通信，我们可以使用多线程架构模型（如 ROS），或者为每个任务编写一个独立的程序，例如，一个程序可以从摄像机中获取图像并检测人脸，另一个程序将数据发送到嵌入式板中，这两个程序可以相互通信以交换数据。这种方法实际上是创建了多个程序，而不是一个多线程系统。多线程系统比并行运行多个程序要复杂得多。Socket 编程就是进程间通信的一个例子。

6）性能。如果我们使用高带宽传感器，如深度照相机和激光扫描仪，数据处理需要消耗大量的计算资源。好的编程语言通常支持资源的动态、按需分配，从而可以节约不必要的系统资源开支。C++ 很好地实现了这一点。

7）开发社区支持。如果我们要选择一种用于机器人编程的语言，应确保有足够的社区支持，包括论坛和博客。

8）第三方库的可用性。第三方库的使用可以使我们的开发变得容易。例如，如果我们想进行图像处理，可以使用像 OpenCV 这样的库。如果编程语言支持 OpenCV，那么就能很容易地进行图像处理。

9）现有的机器人软件框架支持。有一些现有的机器人软件框架可用来对机器人编程，如 ROS。如果编程语言支持 ROS，那么就能很容易地编程以实现机器人应用程序。

4.3 开始使用 ROS

上一节讨论了机器人编程，以及为什么它与一般的计算机编程不同。在这一节中，我们将看到一个独特的用于机器人编程的软件平台，即 ROS（Robot Operating System，http://www.ros.org）。

ROS 是一个免费的开源机器人软件框架，可用于商业和研究应用。ROS 框架为机器人编程提供了如下的功能。

1）进程间的消息传递接口。ROS 提供了一个消息传递接口，用于两个程序或进程之间的通信。例如，使用一个相机对图像进行处理，从图像中检测到人脸，并将坐标发送到跟踪器进程。跟踪器进程使用一些电动机来跟踪人脸。正如我们上面提到的，这是机器人编程所需要的特性之一，称为进程间通信。

2）与操作系统类似的特性。ROS 不是一个真正的操作系统，我们可以说它是一种操作系统的变种，可以提供一些操作系统功能。这些程序包括多线程、底层设备控制、包管理和硬件抽象。硬件抽象层允许程序员在不知道设备的完整细节的情况下编写程序。优点是，我们可以编写一个传感器的代码，它可以为来自不同供应商的相同类型的传感器工作。所以，当我们使用一个新的传感器时不需要重新编写代码。包管理（Package Management）可以帮助用户在一个称为包（Packages）的单元中组织其软件。每个包都有用于执行特定任务的源代码、配置文件或数据文件。这些包可以被发行并安装在其他计算机上。

3）高级编程语言的支持和工具链。ROS 的优点是，它支持诸如 C++、Python 和 Lisp 等在机器人编程中被广泛使用的编程语言，同时对 C#、Java、Node 等语言有实验性支持。完整的列表可以通过 http://wiki.ros.org/Client%20Libraries 找到。ROS 为这些编程语言提供客户端库，这意味着程序员可以通过上述语言使用 ROS 中的功能函数。例如，如果用户要实现一个使用 ROS 库函数的 Android 应用程序，我们便可以使用 rosjava 客户端库。ROS 也提供相关工具来帮助构建我们的机器人应用程序。使用这些工具，我们可以通过单个命令构建多个包。这种灵活性可使程序员在为他们的应用程序创建构建系统的时候花费更少的时间。

4）第三方库的可用性。许多非常流行的第三方库被集成至 ROS 框架内。例如，OpenCV（https://opencv.org/）被集成并用于机器人视觉相关任务，PCL（http://pointclouds.org/）被集成并用于 3D 机器人感知。这些库使 ROS 更加强大，程序开发人员可以在 ROS 之上快速构建强大的应用程序。

5）通用算法。这是 ROS 的一个很有用的特性。ROS 已经实现了一些通用的机器人算法，如 PID（http://wiki.ros.org/pid）、SLAM（即时定位与地图构建，http://wiki.ros.org/gmapping），以及路径规划算法（如 A*）、Dijkstra（http://wiki.ros.org/global_planner）和 AMCL（自适应蒙特卡洛定位，http://

wiki.ros.org/amcl）。ROS 中机器人算法的实现还在不断地增加，这些算法的实现可以减少机器人原型开发的时间。

6）编程实现的简便性。ROS 的优势之一是我们之前讨论过的通用算法。与此同时，ROS 包也可以很容易地被其他机器人重用。举例而言，通过定制 ROS 代码库中已有的移动机器人包，我们可以轻松地构建自己的移动机器人原型。我们可以很容易地重用 ROS 代码库，因为大多数包都是开源的，可以用于商业和研究。因此，这可以减少整个机器人软件开发的时间。

7）生态系统/开发社区支持。ROS 流行和发展的主要原因是开发社区支持。ROS 开发者遍布世界各地，他们正在积极地开发和维护 ROS 包。大型开发社区支持，还可以帮助开发人员咨询 ROS 相关的问题。ROS Answers 是咨询 ROS 相关问题的平台（https://answers.ros.org/questions/）。ROS Discourse 是一个在线论坛，ROS 使用者可以在其中讨论各种话题并发布与 ROS 相关的新闻（https://discourse.ros.org/）。

8）大量的工具和模拟器。ROS 内置了许多命令行和 GUI 工具，用于调试、可视化和模拟机器人应用。这些工具在对机器人编程时非常有用。例如，我们可以使用一个名为 rviz 的工具（http://wiki.ros.org/rviz）显示各种各样的图像，如摄像头、激光扫描仪、惯性测量单元等。如果要使用机器人模拟器，则可以使用 Gazebo（http://gazebosim.org/）。

4.3.1 ROS 等式

ROS 工程可以用一个等式来定义，如图 4-2 所示。

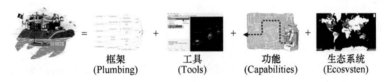

图 4-2 ROS 等式

这里的框架（Plumping）与上面提到的消息传递接口相对应。ROS 还有许多其他功能，我们将在接下来的章节中进一步探讨。

4.3.2 ROS 的历史

以下是 ROS 项目的发展历史。

1）该项目于 2007 年由一个名字为 Morgan Quigly（https://www.openrobotics.org/blog）的机器人专家在斯坦福大学启动。最初，它是为斯坦福大学的机器人开发的一套软件。

2）2007年下半年，一家名为Willow Garage（http://www.willowgarage.com/）的机器人研究初创公司接手了这个项目，并命名为ROS，它代表机器人操作系统。

3）在2009年，ROS 0.4发布，一个使用了ROS的名字为PR2的机器人被开发出来。

4）2010年，ROS 1.0发布。这个版本的许多特性现在仍在使用。

5）2010年，ROS C Turtle版本发布。

6）2011年，ROS Diamonback版本发布。

7）2011年，ROS Electric Emys版本发布。

8）2012年，ROS Fuerte版本发布。

9）2012年，ROS Groovy Galapagos版本发布。

10）开源机器人基金会（OSRF）接手ROS项目。

11）2013年，ROS Hydro Medusa版本发布。

12）2014年，ROS Indigo Igloo版本发布，这是第一个长期支持版本（LTS），意味着用户将获得长期的更新和支持（通常是5年）。

13）2015年，ROS Jade Turtle版本发布。

14）2016年，ROS Kinetic Kame版本发布，这是ROS的第二个长期支持（LTS）版本。

15）2017年，ROS Lunar Loggerhead版本发布。

16）2018年5月，第12版的ROS Melodic Morenia发布。

ROS项目时间表和更详细的历史可以在http://www.ros.org/history/链接中找到。

我们看到的每个版本的ROS都被称为一个ROS发行版。这类似于人们熟知的Linux发行版，如Ubuntu、Debian、Fedora等。

图4-3所示是到目前为止发布的ROS版本的信息（http://wiki.ros.org/distribution）。

如果需要ROS的最新特性，我们可以选择最新的发行版本；如果需要稳定的包，则可以选择长期支持版本（LTS）。在图4-3中，推荐的版本是ROS Kinetic Kame。本书中的示例使用的也是ROS Kinetic Kame版本。

ROS现在由Open Robotics开发和维护，也就是之前的开源机器人基金会（https://www.osrfoundation.org）。

4.3.3 ROS诞生前后

让我们看看自从ROS项目开始后机器人编程社区发生了什么变化。在讨论完ROS的历史之后，我们可以清晰地看到这一点。

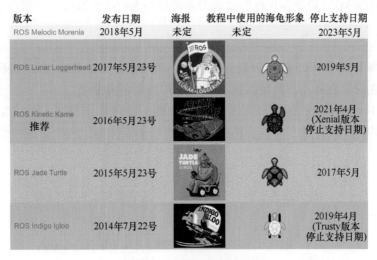

图 4-3　ROS 发行版本信息

在 ROS 项目之前，机器人技术也有积极的发展，但没有共同的平台和社区来支持机器人应用开发。开发人员不得不为他们自己的机器人开发软件，在大多数情况下，他们开发的软件不能被其他机器人重复使用。对于每个机器人，开发人员都必须从头开始重写代码，这需要花费大量的时间。此外，大部分代码都没有得到积极的维护，因此开发出来的软件也得不到良好的技术支持。开发人员还需要自己实现标准的算法，这需要花费更多的时间来编程实现一个机器人原型。

在 ROS 项目之后，情况发生了变化。人们拥有了一个可以开发机器人应用程序的通用平台，而且它对研究及商业性质的项目都是开源和免费的，有许多现成的算法可供使用，所以不需要再次编写代码。此外，大量的社区支持也使得机器人软件开发更加容易。简而言之，ROS 项目改变了机器人编程的面貌。

4.3.4　我们为什么要使用 ROS

寻找用于机器人编程的平台是一个常见的问题。虽然 ROS 有这么多的特性，但仍然有一些领域不能使用或不推荐使用 ROS。例如，在自动驾驶汽车的例子中，我们可以使用 ROS 来做一个原型，但是出于安全、实时处理性能等各种各样的原因，当将它开发为一个实际产品时，开发者不推荐 ROS。所以在某些领域，ROS 可能不适合，但在另外一些领域，ROS 非常适合。例如，在公司和大学的机器人研究中心，ROS 是机器人原型开发的理想选择。

ROS 2.0 将提升现有 ROS 版本的安全性和实时性（https://github.com/

ros2/ros2/wiki)。ROS 2.0 可能会成为未来机器人产品开发的一个很好的选择。

4.3.5 安装 ROS

安装 ROS 是开始 ROS 开发的第一步。在 PC 上安装 ROS 是一个很简单的过程。在安装之前，我们应该先了解支持 ROS 的各种平台。

图 4-4 所示为我们可以在其中安装 ROS 的各种操作系统。正如我们前面所讨论的，ROS 不是一个真正的操作系统，它需要依附于一个宿主操作系统来工作。

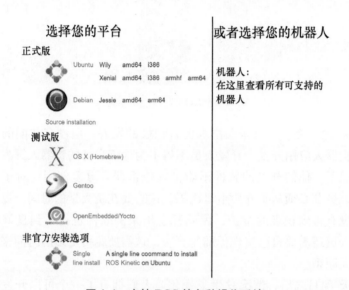

图 4-4 支持 ROS 的各种操作系统

Ubuntu Linux 是最适合安装 ROS 的操作系统。从图 4-4 可以看到，ROS 支持 Ubuntu amd 64、i386 以及 arm hf 和 arm64 位系统。这意味着我们可以在 PC/台式计算机和诸如树莓派（http://raspberrypi.org）、Odroid（http://www.hardkernel.com）单片机，以及英伟达 TX1/TX2（https://www.nvidia.com/en-us/autonomous-machines/embedded-systems/）等嵌入式计算机上使用 ROS。Debian Linux（https://www.debian.org/）对 ROS 也有很好的支持。但在 OS X 和其他操作系统中，ROS 仍处于实验阶段，这意味着 ROS 的某些功能可能无法在这些操作系统中使用。

如果用户正在使用 PC 或 ARM 板运行 Ubuntu armhf 或 Ubuntu arm64，那么可以按照下面链接中提到的过程安装 ROS：

http://wiki.ros.org/ROS/Installation

当访问这个链接时，它将询问我们需要安装哪个 ROS 版本，如图 4-5

所示。

图 4-5 选择 ROS 版本

正如之前提到的,我们选择 ROS Kinetic Kame,它是一个长期支持的稳定版本。如果用户要尝试 ROS 的最新特性,可以试试 ROS Lunar Loggerhead。

当单击需要安装的版本时,将会获得一个支持该发行版的操作系统列表。ROS Kinetic 的操作系统列表如图 4.4 所示。

这里我们选择 Ubuntu 16.04(Xenial)操作系统。选择完操作系统后,将获得一个安装指令列表,根据该列表便可以一步步地完成安装。通过下面的链接可以直接访问在 Ubuntu 中安装 ROS 的指令说明:

http://wiki.ros.org/kinetic/Installation/Ubuntu

我们可以通过两种方式安装 ROS:一种是通过二进制包安装,另一种是通过源代码编译进行安装。第一种方法更加简单,省时。在这种方法中,我们直接用预编译好的二进制文件安装 ROS。在第二种方法中,我们通过编译 ROS 源代码来创建可执行文件。第二种方法取决于用户的计算机配置,这种方法可能需要更多的时间。

在这本书中,我们将进行二进制包安装。

下面介绍安装的步骤。

1)配置 Ubuntu 软件源。Ubuntu 软件源是组织 Ubuntu 软件的地方。通常,用户可以在某些服务器上访问和安装应用程序。在 Ubuntu 中有以下软件源。

① Main:Ubuntu 官方支持的免费、开源的软件源。

② Universe:社区维护的免费、开源的软件源。

③ Restricted:这是一个私有的设备驱动程序软件源。

④ Multiverse:该软件源中的软件受到版权和法律的保护。

为了安装 ROS，我们必须使能上面的所有软件源，这样 Ubuntu 就可以从这些软件源中检索安装包了。首先在 Ubuntu 中搜索并打开 Software & Updates，如图 4-6 所示。

图 4-6 在 Ubuntu 中搜索 Software & Updates 应用程序

然后根据图 4-7，使能对每个软件源的访问权。当然读者还可以选择服务器位置，可以使用所在国家的服务器或 Ubuntu 主服务器。

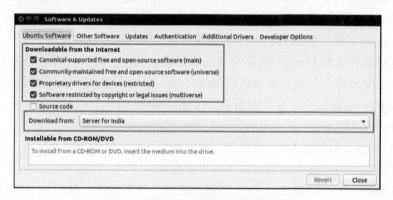

图 4-7 Ubuntu 中的软件和应用更新

这样，第一步就完成了。

2) 设置 sources.list。这是 ROS 安装的重要步骤。在这一步中，我们要做的是添加 ROS 软件源的信息，即存储二进制文件的软件源地址。Ubuntu 只有通过这个步骤才能获取安装包。如下是相关的命令（注意：在终端执行以下命令）。

    $ sudo sh-c'echo"deb http://packages.ros.org/ros/ubuntu $ (lsb_re-lease-sc)main" >/etc/apt/sources.list.d/ros-latest.list'

上面的命令将创建一个名为 /etc/apt/sourcss.list.d/ros-latest.list 的新文件，并在其中添加如下指令。

    "deb http://packages.ros.org/ros/ubuntu xenial main"

这样 Ubuntu 包管理器就能够读取 ROS 软件源中的包列表了。

注意：如果在终端执行 $ lsb_release-sc，将得到的输出是 "xenial"。

---

3) 添加密钥。在 Ubuntu 中，如果要下载二进制文件或软件包，那么我们必须在系统中添加一个安全密钥来授权软件下载。使用此密钥进行身份验证的包将被视为受信任的包。下面是添加密钥的命令。

$ sudo apt-key adv--keyserver hkp://ha.pool.sks-keyservers.net:80--recv-key 421C365BD9FF1F717815A3895523BAEEB01FA116

4) 更新 Ubuntu 包列表。当我们更新 Ubuntu 的包列表时，ROS 软件源中的包也会被相应列出。我们使用以下命令来更新 Ubuntu 软件源。

$ sudo apt-get update

5) 安装 ROS Kinetic 包。获取包列表后，我们可以使用以下命令下载并安装这个包。

$ sudo apt-get install ros-kinetic-desktop-full

上面的命令将安装 ROS 中必需的包，包括工具链、模拟器和基本的机器人算法。下载并安装这些包可能需要花费一定的时间。

6) 初始化 rosdep。在安装完所有包之后，我们需要安装一个名称为"Rosdep"的工具。此工具对于安装 ROS 包的依赖包非常有用。例如，一个 ROS 包可能需要若干个依赖包才能正常工作，Rosdep 会检查依赖包是否可用，如果不可用，它将自动安装这些依赖包。

下面是安装"Rosdep"工具的命令。

$ sudo rosdep init

$ rosdep update

7) 设置 ROS 环境。这是安装 ROS 之后的重要步骤。如前所述，ROS 自带工具链和函数库。但是要访问其命令行工具和函数库包，我们还必须设置 ROS 环境变量。如果不设置，就无法访问这些命令，即使它们已经被安装到了系统中。下面的命令将在 home 文件夹中的 .bashrc 文件中添加一行命令，.bashrc 文件可以为每个新启动的终端配置 ROS 环境。

$ echo"source/opt/ros/kinetic/setup.bash" > > ~/.bashrc

完成上述操作后，执行以下命令以在当前终端中设置 ROS 运行环境。

$ source ~/.bashrc

至此，差不多已经完成安装了，但还剩下最后一步。

8) 设置包的依赖关系。这里将使用一个例子解释此步骤的作用。想象一下，假设有一个机器人应用程序，它包含 100 多个程序包，而用户需要在计算机中配置这些包，那么仅仅为这些包安装依赖包就是一件非常困难的事情。在这种情况下，像"rosinstall"这样的工具就会非常有用。通过它只需要一条指令，便可以完成所有包的安装。下面的语句可以帮助我们依次安装完这些工具。

$ sudo apt-get install python-rosinstall python-rosinstall-generator python-wstool build-essential

此时已安装完毕。我们可以使用以下命令验证安装是否正确。

$ rosversion-d

如果输出是"kinetic"，那么安装便完成了。

4.3.6 支持 ROS 的机器人和传感器

用户可以通过链接 http://robots.ros.org/ 获得 ROS 支持的机器人的完整列表。图 4-8 所示为部分基于 ROS 工作的机器人。

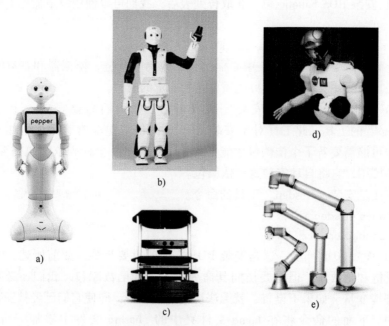

图 4-8 基于 ROS 工作的机器人

下面对图 4-8 中的几种机器人分别介绍如下。

a）Pepper（https://www.softbankrobotics.com/emea/en/pepper）：一款服务型机器人，它可以在多种场合为人们提供帮助。

b）REEM-C（http://pal-robotics.com/en/products/reem-c/）：一款 1:1 真人大小的机器人，主要用于研究。

c）TurtleBot 2（http://www.turtlebot.com/turtlebot2/）：一个简单的机器人移动平台，主要用于研究和教育。

d）Robonaut 2（https://robonaut.jsc.nasa.gov/R2/）：这款机器人出自 NASA，主要用来在国际空间站中自主完成各项任务。

e）Universal Robot arm（https://www.universal-robots.com/products/ur5-robot）：一款流行的工业机械臂，被广泛应用于制造业中的各项自动化生产任务。

许多传感器也得到了 ROS 的支持，可以从链接 http://wiki.ros.org/Sensors 里获得完整的传感器列表。常用的 ROS 传感器如图 4-9 所示。

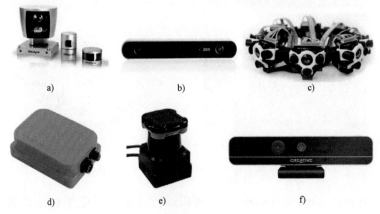

图 4-9　常用的 ROS 传感器

下面对图 4-9 中的传感器进行简单介绍。

a）Velodyne（http://velodynelidar.com/）：一款非常流行的激光雷达，主要用于自动驾驶汽车。

b）ZED Camera（https://www.stereolabs.com/）：一款流行的双目相机。

c）TeraRanger（https://www.terabee.com/）：一种新型的用于二维和三维感知的深度传感器。

d）Xsense MTi IMU（https://www.xsens.com/products/）：精确的 IMU 解决方案之一。

e）Hokuyo Laser（https://www.hokuyo-aut.jp/）：比较常用的一款激光雷达。

f）Intel Realsense（https://realsense.intel.com）：英特尔的一款用于机器人导航和建图的 3D 深度传感器。

4.3.7　常用的 ROS 计算平台

图 4-10 所示是我们在机器人中经常使用的几个与 ROS 兼容的计算平台。下面对图 4-10 中的各计算平台介绍如下。

a）NVDIA TX1/TX2（https://www.nvidia.com/en-us/autonomous-machines/

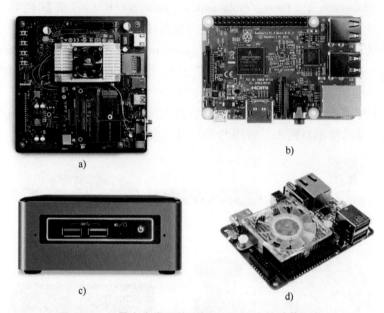

图4-10 机器人中常用的可与ROS兼容的计算平台

embedded-systems-dev-kits-modules/）：可以运行深度学习应用和计算密集型应用。这种板载计算机具有一个可以运行 Ubuntu 的 ARM64 处理器。该平台在自主机器人技术应用中，特别是无人机中，十分常见。

b）树莓派 3（https://www.raspberrypi.org/products/raspberry-pi-3-model-b/）：一种用于教育和研究用途的十分常见的板载计算机。机器人技术也是它的一个关键的应用领域。

c）Intel NUC（https://www.intel.com/content/www/us/en/products/boards-kits/nuc.html）：基于 X86-84 的计算平台，可以认为是迷你版的台式机。

d）Odroid XU4（https://www.hardkernel.com/product）：Odroid 系列的板载计算机与 Raspberry Pi 相似，也基于 ARM 架构，但是它的结构和性能更好。

4.3.8 ROS 的架构和概念

前面已经讨论了 ROS 的特性及其安装方法。在这一小节，我们将深入探讨 ROS 的架构和一些重要概念。从根本上说，ROS 是两个程序或者进程间通信的框架。举个例子，如果程序 A 想要向程序 B 发送数据，并且程序 B 也想要向程序 A 发送数据，那么可以很轻松地用 ROS 实现这项工作。那么问题来了，我们能否直接用套接字（Socket）编程来实现进程间的通信呢？如果可以，为什么还需要 ROS？答案是可以，但是如果我们创建了越来越多的程序，那么情况就会变得异常复杂，但是 ROS 可以很方便地解决这一问题。因此，

ROS 是用于进程间通信的极佳选择。

机器人真的需要进程间通信吗？我们可以不用进程间通信给机器人编程吗？图 4-11 所示为一个典型的带有作动器和传感器的机器人模块。该图给出了第一个问题的答案。

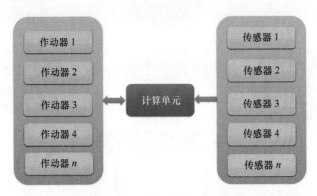

图 4-11　一个典型的带有作动器和传感器的机器人模块

一个机器人可能有许多传感器、作动器和计算单元。怎么才能做到控制这么多作动器及处理这么多传感器数据呢？我们可以只用一个程序完成这些吗？答案是"可以"，但是这么做并不是一个好方法。更好的解决方案是我们可以编写多个独立的程序来处理传感器数据、向作动器发送控制指令，但是这就需要在这些程序之间进行数据交换，而这恰恰就是我们使用 ROS 的场景。

那么，我们可以不用 ROS 给机器人编程吗？可以，但是随着作动器和传感器数量的增加，软件也会变得越来越复杂。

接下来，让我们看一下 ROS 中的两个程序之间的通信是如何完成的。图 4-12 所示为 ROS 的通信原理框图。

图 4-12 中的两个程序分别被标记为节点 1 和节点 2。当程序启动时，节点便会和名为 ROS Master 的 ROS 程序通信。节点将所有信息发给 ROS Master，包括它发送和收到的消息类型、本节点路由信息等。发送信息的节点称为发布节点（Publisher Nodes），接收信息的节点称为订阅节点（Subscriber Nodes）。ROS Master 拥有在计算机上正在运行的所有发送节点和接收节点的信息。如果节点 1 发送某个名为 A 的数据，而节点 2 正好订阅了该消息，那么 ROS Master 就向两个节点广播彼此的节点信息（注意：不是消息）以帮助它们建立连接，这样两个节点就可以互相通信了。

ROS 节点可以彼此间互相传送不同类型的数据，这些数据可以包含像整数、浮点数、字符串等这类简单类型的数据。这些节点间相互传递的不同类型的数据称为 ROS 消息（Messages）。有了 ROS 消息，我们就可以在节点之间传递各种类型的数据了。这些消息通过一种类似于数据总线或者路径标识的媒介

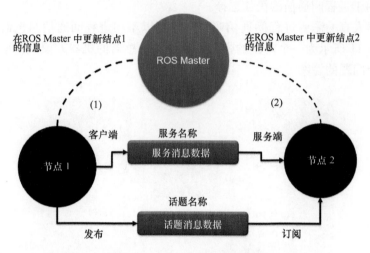

图 4-12 ROS 的通信原理框图

进行传播，我们称为 ROS 话题（Topics）。每一条话题都有自己的名字，比如一个可以传输字符串数据的名为"chatter"的话题。

如果一个 ROS 节点想通过话题广播消息，那么它只需要给 ROS 话题发送消息即可，消息中就包含了消息的数据类型。

图 4-12 中，节点 1 和节点 2 就是通过 ROS 话题发送和接收消息的。当 ROS Master 交换完两个节点的信息之后，两个节点间消息的发送和接收过程就开始了。

接下来，我们将了解一些在 ROS 中经常使用的重要概念和术语，总共可以分为 3 个部分的概念及术语，即 ROS 文件系统、ROS 计算的概念和 ROS 社区。

4.3.9　ROS 文件系统

ROS 文件系统的概念及术语包括程序包、元包、包清单、代码库、消息类型和服务类型。

ROS 程序包是 ROS 软件的独立单元，又称为"原子单元"。所有的源代码、数据文件、生成文件、依赖包和其他文件都放在程序包中。

ROS 元包记录了服务于同一应用的一组程序包的相关信息，它不包含源代码文件或者数据文件。ROS 元包只提供分组功能，用于组织管理一组 ROS 程序包。

包清单是 ROS 程序包里的 XML 文件，它涵盖了 ROS 程序包的所有基本信息，包括程序包的名称、描述、作者、依赖包等。下面是一个典型的程序包的 XML 文件。

```xml
<? xml version = "1.0"? >
<package >
  < name >test_pkg</name >
  <version >0.0.1</version >
  < description > The test package </description >   < maintainer email = "qboticslabs@ gmail.com" >robot</maintainer >
  <license >BSD</license >
<buildtool_depend >catkin</buildtool_depend >
  ...
  <run_depend >catkin</run_depend >
  ...
</package >
```

ROS 代码库是共享同一个版本控制系统一组 ROS 程序包的集合。

消息类型用来定义新的 ROS 消息类型。尽管 ROS 中有许多内建的消息类型可供直接使用，但是如果我们想要创建一种新的 ROS 消息类型，也是完全可以实现的。新的消息类型被定义并存储在程序包中的 msgs 文件夹中。

服务类型与消息类型十分相似，它也可以由我们自己定义，并被存放于程序包的 srv 文件夹中。

图 4-13 所示是一个典型的 ROS 程序包文件夹。

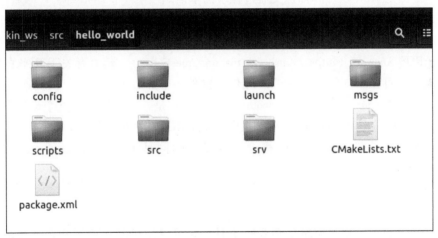

图 4-13 典型的 ROS 程序包文件夹

4.3.10 ROS 计算的概念

下面是一些与 ROS 计算概念有关的术语。

ROS 节点（Node）：使用 ROS API 进行运算的进程。

ROS 主机（Master）：连接 ROS 节点的媒介程序。

ROS 参数服务器（Parameter Server）：指通常与 ROS Master 一起运行的一个程序。使用者可以在此服务器上存储不同的参数，所有的节点都可以访问它，使用者可以设置参数的保密性。如果某个参数是公共的，那么所有节点都可以访问；但如果某个参数具有私有属性，那么只有特定的节点才可以访问这个参数。

ROS 话题（Topic）：即"总线"，ROS 节点可以通过该总线发送或接收信息。一个节点可以发布或者接收任意数量的话题。

ROS 消息（Message）：消息基本上都是通过话题传送的。ROS 含有许多内建的消息类型，当然使用者也可以定义他们自己的消息类型。

ROS 服务（Service）：之前我们已经了解了 ROS 话题（Topic），它具有消息发布/订阅的机制，而 ROS 服务则有着请求/应答的机制。服务是一种根据客户节点的请求进行服务响应的功能。能够处理服务请求的节点被称为服务节点，而请求服务的节点被称为客户节点。

ROS 数据包（bags）：一种可用于保存和查看 ROS 话题历史记录的有效方式，可用于在机器人中记录数据以便离线处理。

4.3.11 ROS 社区

下面是 ROS 软件和知识交流过程中的术语。

ROS distribution：是一个特定版本的所有程序包的集合。

ROS wiki：其上有关于如何安装 ROS 和使用 ROS 编程的教程。

ROS Answers（https://answers.ros.org/questions/）：其上有关于 ROS 的一些提问和回答，与 Stack Overflow 相似（国外一个类似于"知乎"的网站）。

ROS discourse（https://discourse.ros.org）：是一个论坛，在这个论坛中开发人员可以分享和 ROS 有关的新闻或者咨询 ROS 相关的问题。

如果要了解更多的 ROS 概念，可以访问网址 http://wiki.ros.org/ROS/Concepts。

4.3.12 ROS 命令行工具

这一小节将讨论 ROS 的命令行工具，它可以使机器人编程和调试变得更加简便。我们可以用不同的 ROS 工具来探索 ROS 的各个方面。通过这些工具，我们几乎可以实现 ROS 的所有功能。在 Linux 终端使用这些命令行工具，就像在 Linux 中使用其他命令行工具一样简单。

1）roscore 命令是 ROS 中一个很重要的工具。当我们在终端中运行这个命令时，系统就会启动 ROS Master、参数服务器和日志节点。在这之后，我们就可以运行任何其他的 ROS 程序/节点了。所以我们可以在一个终端窗口运行

roscore 指令，然后在另一个终端窗口输入接下来的命令来运行 ROS 节点。如果在终端中运行了 roscore 命令，将会得到图 4-14 所示的信息。

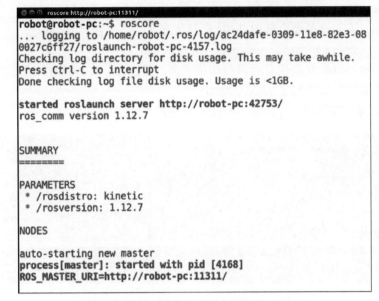

图 4-14　运行 roscore 命令后得到的信息

在终端中还可以看到关于启动的 ROS Master 信息和 ROS Master 地址。

2）rosnode 命令可以帮助我们探索 ROS 节点各个方面的功能。比如，我们可以列出在系统中正在运行的 ROS 节点的数量。在终端中直接输入 rosnode 命令，便可以获得该命令的所有帮助信息。

以下是 rosnode 的用法：

```
$ rosnode list
```

图 4-15 所示为系统中正在运行的节点的列表，这是 rosnode list 命令的一个常见输出结果。

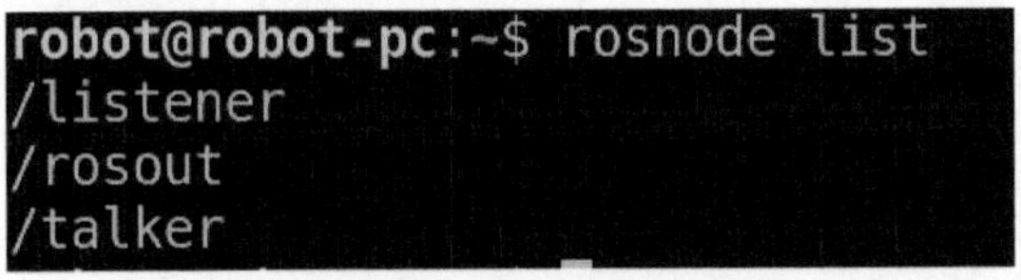

图 4-15　系统中正在运行的节点列表

3）rostopic 命令可以提供系统中与当前话题发送和订阅的相关情况。它可列出话题名称、打印话题数据和向话题发布数据。

```
$ rostopic list
```

如果存在一个名为 chatter 的话题，我们可以用以下命令打印/调取话题数据。

```
$ rostopic echo/chatter
```
我们可以用以下这条命令向话题发布数据。
```
$ rostopic pub topic_name msg_type data
```
例如，下面这条命令便向/hello 话题发布了一个消息"Hello"。
```
$ rostopic pub/hello std_msgs/String"Hello"
```
我们也可以在发送信息后再打印该话题。请注意，在终端中运行这些命令之前，应确保已经运行了 roscore 命令。

图 4-16 所示是 rostopic 命令打印和发布消息后的输出。

图 4-16　rostopic 命令打印和发布消息后的输出

图 4-16 所示为 Terminator（https://launchpad. net/terminator）应用程序。使用这个程序可以将屏幕分为几个独立的终端会话。我们在左上方的会话中运行了 roscore 指令，在最下面的会话中向话题发布了一则消息，在右上方的会话中打印同一话题的消息。

4）rosversion 命令可用于检查 ROS 版本。

以下命令可用于获取当前的 ROS 版本。
```
$ rosversion-d
```
输出：kinetic。

5）rosparam 命令可以列出加载在参数服务器上的参数。

我们可以用以下命令列出系统中参数的名称。
```
$ rosparam list
```
图 4-17 所示为使用 rosparam 命令设置和获取参数的结果。

设置参数的命令如下：
```
$ rosparam set parameter_name value
Eg. $ rosparam set hello"Hello"
```
获取参数的命令如下：
```
$ rosparam get parameter_name
$ rosparam get hello
```
输出："Hello"。

图 4-17 rosparam 命令设置和获取参数的结果

6）我们可以使用 roslaunch 命令启动一个 launch 文件。如果要一次运行多于 10 个的 ROS 节点，那么一个个地运行是很麻烦的。在这种情况下，我们可以用 launch 文件来避免这种麻烦。ROS launch 文件是 XML 格式的文件，可以在文件中写入想要运行的每个节点。roslaunch 命令的另一优势是可以自动执行 roscore 命令，所以我们不必在运行这些节点前先去运行 roscore 命令。

以下是运行 launch 文件的语法。roslaunch 是执行 launch 文件的命令，我们必须同时在命令中给定程序包和 launch 文件的名字。

$ roslaunch ros_pkg_name launch_file_name

例如，roslaunch roscpp_tutorials talker_listener. launch。

7）为了运行 ROS 节点，我们必须使用 rosrun 命令。它的语法十分简单。

$ rosrun ros_pkg_name node_name

例如，rosrun roscpp_tutorials talker。

4.3.13 ROS 实例：Hello World

这一小节演示了一个基本的 ROS 应用实例。这个应用已经安装在 ROS 中了。

这个实例中有两个节点：talker 和 listener。talker 节点发布一个字符串消息，listener 节点则订阅这个消息。在具体实现中，talker 节点将发布一条"Hello World"消息，listener 节点则订阅并输出这个消息。

图 4-18 所示是两个节点的关系图。如上述所言，两个节点都需要和 ROS Master 通信才能获得另一个节点的相关信息。

接下来让我们用以下命令启动这个实例。

ROS 中启动任一节点的前提步骤都是运行 roscore 命令。

$ roscore

在另一个终端中用以下指令启动 talker 节点。

$ rosrun roscpp_tutorials talker

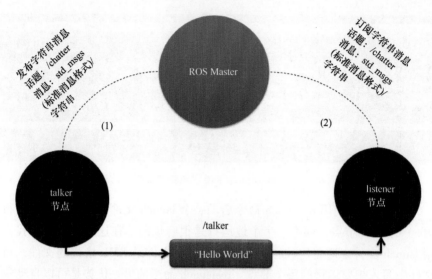

图 4-18　talker 和 listener 节点间的关系图

现在应该可以在终端屏幕上看到输出的消息了。如果用下面的命令列出话题，会发现多了一个名为/chatter 的新话题。

```
$ rostopic list
```

输出：/chatter。

现在用以下命令启动 listener 节点。

```
$ rosrun roscpp_tutorials listener
```

这样，两个节点间的消息传递过程就开始了（见图 4-19）。

如果想要同时运行两个节点，可使用 roslaunch 命令。

```
$ roslaunch roscpp_tutorials talker_listener.launch
```

roscpp_ tutorials 是 ROS 中的一个教程包，其中包含一个 talker_ listener.launch 文件。

4.3.14　ROS 实例：turtlesim

这一小节将展示一个用于解释 ROS 基本概念的有趣应用程序。这个应用叫作 turtlesim，是一个含有乌龟机器人的二维模拟器。我们可以用 ROS 话题、ROS 服务和参数服务器来移动乌龟、读取乌龟的当前位置和改变乌龟的颜色等。当学习完该实例后，便可以更好地理解如何用 ROS 控制机器人了。

turtlesim 应用已经安装在 ROS 中。我们可以用以下命令启动这个应用。

启动 roscore：

```
$ roscore
```

启动 turtlesim 应用：

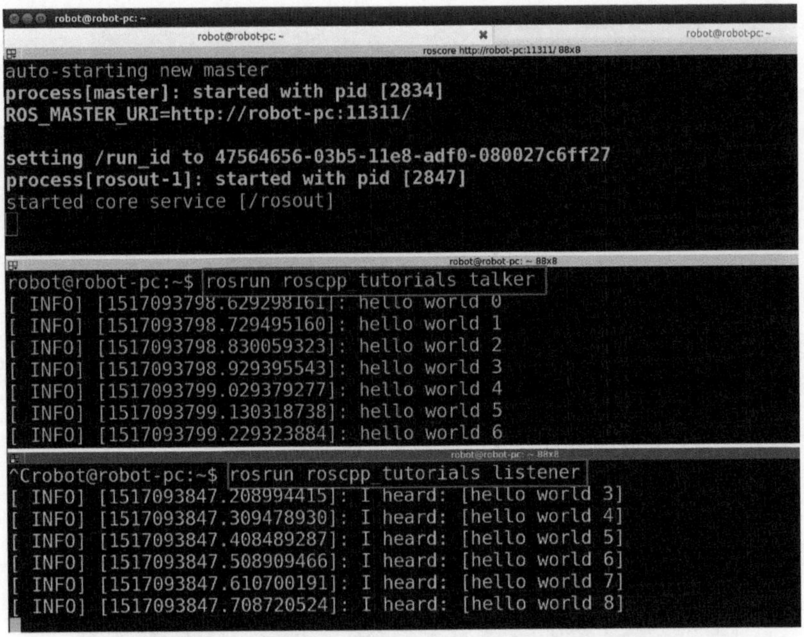

图 4-19 talker 与 listener 节点之间的消息传递过程

```
$ rosrun turtlesim turtlesim_node
```
如果界面如图 4-20 所示，则表示一切运行正常。

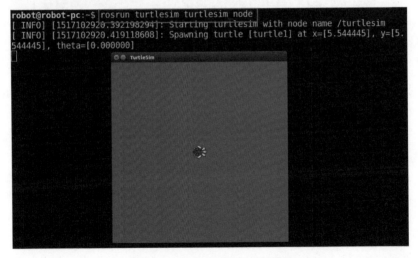

图 4-20 turtlesim 运行时的界面

现在可以启动一个新的终端，通过发布 turtlesim 节点来列出当前的话题：
```
$ rostopic list
```
此时可以看到图 4-21 所示的话题列表。

```
robot@robot-pc:~$ rostopic list
/rosout
/rosout_agg
/turtle1/cmd_vel
/turtle1/color_sensor
/turtle1/pose
```

图 4-21 turtlesim 话题列表

图 4-22 所示为由 turtlesim 节点创建的服务列表。可以用以下指令列出这些服务：

$ rosservice list

```
robot@robot-pc:~$ rosservice list
/clear
/kill
/reset
/rosout/get_loggers
/rosout/set_logger_level
/spawn
/turtle1/set_pen
/turtle1/teleport_absolute
/turtle1/teleport_relative
/turtlesim/get_loggers
/turtlesim/set_logger_level
```

图 4-22 由 turtlesim 节点创建的服务列表

我们可以用指令 $ rosparam list 列出 ROS 参数，其列表如图 4-23 所示。

```
robot@robot-pc:~$ rosparam list
/background_b
/background_g
/background_r
/rosdistro
/roslaunch/uris/host_robot_pc__42233
/rosversion
/run_id
```

图 4-23 ROS 的参数列表

1. 移动小乌龟

如果想移动这个小乌龟，那么需要用命令 $ rosrun turtlesim turtle_teleop_key 启动另一个 ROS 节点。这条命令必须在另一个终端中启动。

我们可以用键盘上的方向键控制机器人。当按下一个方向键时，它就会向/turtle1/cmd_vel 发送乌龟移动的一个速度值，乌龟移动的路径如图 4-24 所示。

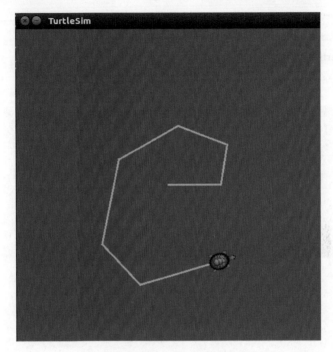

图 4-24　乌龟移动的路径

如果要查看这些节点背后发生的事情，可查看图 4-25 中的消息订阅情况。其中展示了话题中的数据是如何进入到 turtlesim 节点的。

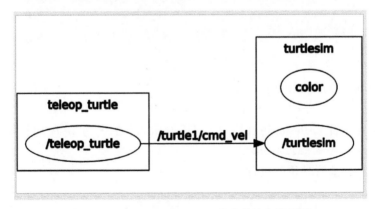

图 4-25　turtlesim 和 teleop 节点的消息订阅图

2. 让乌龟沿着正方形路线移动

这里将演示如何让乌龟沿着正方形路线移动。按 < Ctrl + C > 组合键，关闭所有正在运行的节点，然后用以下命令启动一个新的 turtlesim 会话。乌龟沿正方形移动的路径如图 4-26 所示。

启动 roscore：

$ roscore

启动 turtlesim 节点：

$ rosrun turtlesim turtlesim_node

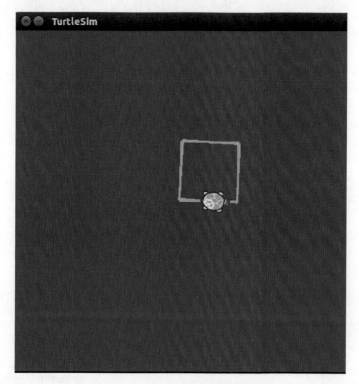

图 4-26　乌龟沿正方形移动的路径

启动画正方形的节点：

$ rosrun turtlesim draw_square

如果要重置 turtlesim 仿真环境，可以调用如下的名为 /reset 的服务。

$ rosservice call /reset

此时将会重置乌龟的位置。

4.3.15　ROS 图形用户接口：Rviz 和 Rqt

1. Rviz

除了命令行工具以外，ROS GUI 工具可以将传感器的数据可视化。Rviz 就是一个常见的 GUI 工具（其界面如图 4-27 所示）。我们可以使用 Rviz 工具将图像数据、3D 点云、机器人模型和坐标变换数据等可视化。这一小节将探索 Rviz 工具的基本用法，这个工具随着 ROS 的安装也已经安装完成了。

用以下命令启动 Rviz。

启动 roscore：

$ roscore

启动 Rviz：

$ rosrun rviz rviz

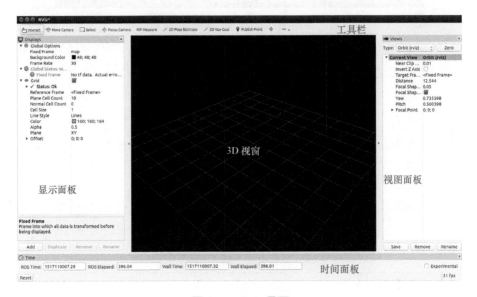

图 4-27　Rviz 界面

下面对 Rviz 界面进行介绍。

- 3D 视窗：这片区域负责将传感器的 3D 数据、机器人的坐标变换数据、3D 模型数据和其他类型的 3D 数据可视化。
- 显示面板：显示各个传感器的数据。
- 视图面板：可根据应用选择观察窗口的 3D 视角。
- 工具栏：包含一些常用的工具选项，如调整 3D 视角、测量机器人位置、设置机器人的导航目标和改变摄像头的视角等。
- 时间面板：显示 ROS 的当前时间和已经运行的时间等信息。这个时间戳可能对处理传感器信息非常有帮助。

2. Rqt

Rqt 包含一些常用命令选项，可将 2D 数据可视化、将话题记入日志、发布话题和请求服务等。

以下是启动 Rqt GUI 的方式。

启动 roscore：

$ roscore

启动 rqt_gui：

$ rosrun rqt_ gui rqt_ gui

此时会得到一个仅有若干个菜单选项的空白 GUI，可以从下拉菜单中添加自己的插件。图 4-28 所示为加载完某个插件后的 Rqt GUI。

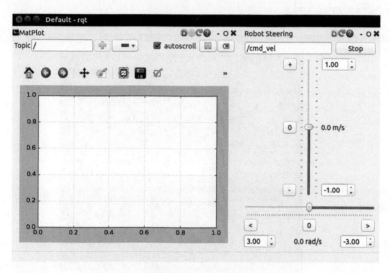

图 4-28　加载完某个插件后的 Rqt GUI

4.4　本章小结

本章讨论了机器人操作系统的基本概念和使用方法。首先介绍了什么是机器人编程，并解释了它为什么不同于其他软件应用开发。然后介绍了 ROS 框架为机器人编程提供的功能，并介绍了 ROS 的详细安装说明。接着介绍了一些和 ROS 兼容的不同的机器人和传感器，讨论了 ROS 的构架。除此之外，还介绍了一些重要的 ROS 概念和一个名为 turtlesim 的模拟器。最后，我们介绍了 Rqt 和 Rviz 之类的 ROS GUI 工具。

下一章，我们将了解如何用 ROS 编程，以及如何用 C ++ 和 Python 创建 ROS 应用程序。

第 5 章
基于 ROS 编程

上一章我们讨论了机器人操作系统的基础知识，在这一章中，我们学习使用 ROS 编程，使用到的主要编程语言是 C++ 和 Python。我们已经在第 2 章和第 3 章中学习了 C++ 和 Python 的基本用法，现在可以应用到具体的 ROS 编程中了。本章会介绍一些使用 C++ 和 Python 的例子，这能够让我们更深刻地理解这两门编程语言在 ROS 中的应用。

这一章涉及创建 ROS 工作空间、ROS 程序包和 ROS 节点。创建了程序包和 ROS 工作空间后，将了解到如何为上一章中的 turtlesim 模拟器编程。接下来还将介绍 Gazebo 模拟器和 TurtleBot 机器人仿真器，并创建一个能在模拟器中移动 TurtleBot 的 ROS 节点。在这之后，我们将学习如何用 ROS 在 Arduino 和 Tiva-C Launchpad 上编程。这些内容在我们开发自己的机器人时十分有用。在这一章的末尾，还将了解到如何在树莓派 3 中安装 ROS 并编程。

5.1 什么是使用 ROS 编程

我们已经学习了使用 C++ 和 Python 编程的基础知识。那么使用 ROS 编程是什么意思呢？意思就是通过使用 ROS 提供的一些内置函数来编写 ROS 应用程序。举个例子，如果我们要实现一个新的 ROS 话题、发送一个新的 ROS 消息或请求一个新的 ROS 服务，那么可以简单地通过调用 ROS 内置功能来实现，而不需要从头开始来实现相关的函数。这些使用 ROS 内置函数/API（应用程序接口）的程序称为 ROS 节点。

这一章，我们将为不同的应用创建 ROS 节点。ROS wiki 提供了有关创建 ROS 节点的大量文档。作为一个初学者，理解 ROS wiki 上讲的大多数内容可能会比较困难。这一章将简要地介绍这些内容，让读者更加容易地开始 ROS 编程。

在开始 ROS 编程前，我们要先做一些准备工作。首先是创建 ROS 工作空间。下面将介绍 ROS 的工作空间及其创建方式。

5.2 创建 ROS 工作空间和程序包

ROS 开发的第一步就是创建 ROS 工作空间，也就是 ROS 程序包存储的地方。在工作空间中，我们可以创建新的程序包、安装现有的程序包，以及编译生成新的可执行文件。

首先需要创建一个 ROS 工作空间文件夹。我们可以任意命名这个文件夹，也可以在任意位置创建这个文件夹。通常，这个文件夹应该在 Ubuntu 的 home 文件夹中。

请在一个新的终端中输入命令：$ mkdir- p ~/catkin_ws/src。这条命令创建了一个名为 catkin_ws 的文件夹，在这个文件夹中有另一个名为 src 的文件夹。ROS 工作空间又称为 catkin 工作空间。

src 文件夹的名称不能修改，但是可以修改工作空间的文件名。

在输入了命令（$ mkdir-p ~/catkin_ws/src）后，可以用下面的 cd 命令切换到 src 文件夹。

$ cd catkin_ws/src

以下这条命令初始化了一个新的 ROS 工作空间。如果不初始化工作空间，就不能正确地创建、编译和链接程序包。

$ catkin_init_workspace

输入了这条命令后，可以在终端上看到图 5-1 所示的信息。

```
robot@robot-pc:~/catkin_ws/src$ catkin_init_workspace
Creating symlink "/home/robot/catkin_ws/src/CMakeLists.txt"
robot@robot-pc:~/catkin_ws/src$
robot@robot-pc:~/catkin_ws/src$
robot@robot-pc:~/catkin_ws/src$ ls
CMakeLists.txt
robot@robot-pc:~/catkin_ws/src$
```

图 5-1　catkin_init_workspace 命令的输出

在 src 文件夹中有一个 CMakeLists.txt 文件。

初始化 catkin 工作空间后，就可以生成工作空间了。此时不用任何程序包就可以编译工作空间。要编译工作空间，需要先从 catkin_ws/src 文件夹跳转到 catkin_ws 文件夹。

$ ~/catkin_ws/src $ cd ..

生成 catkin 工作空间的命令是 catkin_make。

```
$ ~/catkin_ws $ catkin_make
```

输入 catkin_make 命令后得到图 5-2 所示的输出。

```
-- Using CATKIN_ENABLE_TESTING: ON
-- Call enable_testing()
-- Using CATKIN_TEST_RESULTS_DIR: /home/robot/catkin_ws/build/test_resu
-- Looking for pthread.h
-- Looking for pthread.h - found
-- Looking for pthread_create
-- Looking for pthread_create - not found
-- Looking for pthread_create in pthreads
-- Looking for pthread_create in pthreads - not found
-- Looking for pthread_create in pthread
-- Looking for pthread_create in pthread - found
-- Found Threads: TRUE
-- Found gtest sources under '/usr/src/gtest': gtests will be built
-- Using Python nosetests: /usr/bin/nosetests-2.7
-- catkin 0.7.6
-- BUILD_SHARED_LIBS is on
-- Configuring done
-- Generating done
-- Build files have been written to: /home/robot/catkin_ws/build
####
#### Running command: "make -j4 -l4" in "/home/robot/catkin_ws/build"
####
robot@robot-pc:~/catkin_ws$
```

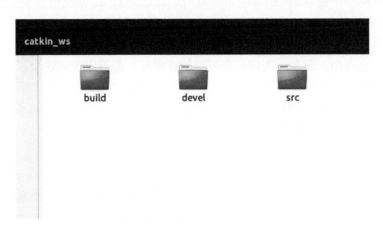

图 5-2　catkin_make 命令的输出

现在可以看到除了 src 文件夹外的另外两个文件夹了，如图 5-3 所示。

图 5-3　执行 catkin_make 命令后的 catkin_ws 文件夹

程序包将存储在 src 文件夹中。如果要创建或编译一个程序包，必须将这些程序包复制到 src 文件夹中。

创建了工作空间后，还需要向系统添加工作空间的环境变量。这就意味着一定要设定工作空间的系统路径，这样工作空间中的程序包才可以被访问。为了达成以上目的，你需要做到以下几步。

1）在终端中，跳转到 home 文件夹下并选择 .bashrc 文件。
$ gedit.bashrc
2）在 .bashrc 文件的末尾加入以下命令，如图 5-4 所示。

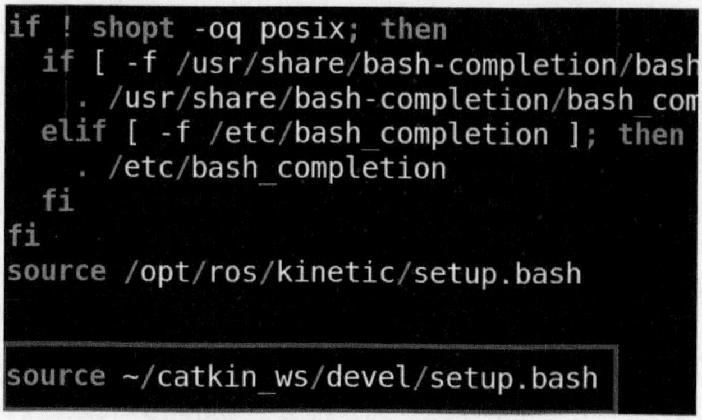

```
if ! shopt -oq posix; then
  if [ -f /usr/share/bash-completion/bash
    . /usr/share/bash-completion/bash_com
  elif [ -f /etc/bash_completion ]; then
    . /etc/bash_completion
  fi
fi
source /opt/ros/kinetic/setup.bash

source ~/catkin_ws/devel/setup.bash
```

图 5-4 向 .bashrc 文件添加命令

source ~/catkin_ws/devel/setup.bash

正如我们已经知道的那样，home 文件夹中的 .bashrc 文件会在一个新的终端会话启动时自动执行，所以插入到 .bashrc 文件里的命令也会随之执行。

下面命令中的 setup.bash 文件含有可以添加到 Linux 系统中环境变量。

source ~/catkin_ws/devel/setup.bash

当我们使用 source 命令执行这个文件时，工作空间的路径就会被添加到当前的终端会话中。现在，当打开任何新的终端时，都可以访问这个工作空间内的程序包了。

在讨论程序包的创建之前，我们还需要讨论 ROS 中的 catkin 编译系统。在了解了 catkin 编译系统后，便可以更好地了解编译过程了。

5.2.1　ROS 编译系统

第 2 章和第 3 章讨论了 C++ 和 Python 的编译系统，所谓编译系统，其实就是一些工具。利用这些工具，我们可以编译源代码并生成目标文件。目标文件可以是可执行文件，还可以是函数库。ROS 有一套自己的用于编译 ROS 程序包的编译系统。该系统的名称是 catkin（http://wiki.ros.org/catkin），它是由 CMake 编译系统和一些 Python 脚本定制的一套特殊的编译系统。那么为什么不直接用 CMake 呢？答案很简单，因为创建一套 ROS 程序包很复杂，而且复杂程度随着程序包及其依赖包数量的增加而增加，编译起来非常不方便，而 catkin 编译系统可以很好地帮助我们解决这些问题。

可以通过以下网址了解到更多关于 catkin 编译系统的信息。

http://wiki.ros.org/catkin/conceptual_overview。

5.2.2 ROS catkin 工作空间

前面已经创建了一个 catkin 工作空间但是尚未讨论它的工作原理。这个工作空间包含几个文件夹，接下来我们将了解每个文件夹的功能。

1. src 文件夹

catkin 文件夹中的 src 文件夹是存储新创建的程序包或从远程代码库复制程序包的地方。ROS 程序包只有在 src 文件夹中才可以被创建或者编译执行。当在工作空间中执行 catkin_make 命令时，该命令会检查 src 文件夹中的每个程序包并一一编译它们。

2. build 文件夹

当我们在 ROS 工作空间中执行 catkin_make 命令时，catkin 工具会在 build 文件夹中创建一些中间编译文件和中间缓存文件。这些缓存文件可以避免在执行 catkin_make 命令时重新编译所有的程序包。举个例子，如果编译了 5 个程序包，然后又向 src 文件夹中添加了一个新的程序包，那么在执行下一个 catkin_make 命令时就只有新的程序包会被编译，这就是因为 build 文件夹的这些缓存文件起了作用。如果删除了 build 文件夹，那么所有的程序包都会被重新编译。

3. devel 文件夹

当执行 catkin_make 命令时，所有的程序包都会被编译。如果编译成功，那么目标可执行文件将会被创建。这些可执行文件就存储在 devel 文件夹中，这个文件夹中还有一些脚本文件，可将当前工作空间添加到 ROS 的系统工作空间目录中。只有运行这个脚本时，才可以访问当前工作空间中的程序包。通常用以下命令来完成上述任务。

source ~/<workspace_name>/devel/setup.bash

source ~/<workspace_name>/devel/setup.bash

在 .bashrc 文件中添加以上命令，就可以在所有终端会话中访问工作空间中的程序包了。如果已经成功完成了上述步骤，就可以在工作空间中看到这些子文件夹了。

4. install 文件夹

在本地生成了目标可执行文件后，可以执行以下命令来安装这些可执行文件。

$ catkin_make install

这条命令必须在 ROS 工作空间文件夹中执行。如果完成了上述命令，那么就可以在工作空间中看到另一个名为"install"的文件夹。这个文件夹便存储了刚刚安装的这些目标文件。当运行程序时，install 文件夹中相应的可执行文件就会被执行。

以下网址有更多关于 catkin 工作空间的相关信息。

http://wiki.ros.org/catkin/workspaces#Catkin_Workspaces.

5.2.3 创建 ROS 程序包

我们已经创建了一个 ROS 工作空间。接下来将了解如何创建一个 ROS 程序包。ROS 程序包是我们组织 ROS 节点和函数库的一个代码集。我们可以用以下命令创建一个 catkin ROS 程序包。

语法如下：

$ catkin_create_pkg ros_package_name package_dependencies

我们用于创建程序包的命令是 catkin_create_pkg。这条命令的第一个参数是程序包名称，第二个参数是程序包的依赖包。举个例子，如果要创建一个含有依赖包的名称为 "hello_world" 的程序包，则需要在 catkin 工作空间中的 src 文件夹下执行如下命令。

$/catkin_ws/src $ catkin_create_pkg hello_world roscpp rospy std_msgs

这条命令的输出如图 5-5 所示。这就是我们创建 ROS 程序包的方式了。

图 5-5　catkin_create_pkg 命令的输出

ROS 程序包的结构如图 5-6 所示。

图 5-6　ROS 程序包的结构

在程序包中，可以看到 src 文件夹、package.xml、CMakeLists.txt 和 include 文件夹。

- CMakeLists.txt：这个文件中包含了编译程序包中的 ROS 源代码和创建可执行文件的所有命令。
- package.xml：这是一个 XML 文件，主要记录了程序包的依赖包和一些与自身相关信息等。
- src 文件夹：ROS 程序包的源代码就保存在这个文件夹中。通常，C++ 文件保存在这个文件夹。如果要保存 Python 脚本，那么需要在程序包文件夹中创建另一个名称为"scripts"的文件夹。
- include 文件夹：这个文件夹包含了源程序的头文件。这个文件夹可以自动生成。第三方的函数库文件也可以放到这个文件夹中。

下一节将讨论 ROS 中用于创建 ROS 节点的客户端库。

5.3 使用 ROS 客户端库

我们已经了解了与 ROS 相关的概念，如话题、服务、消息等。那么我们如何编程实现这些概念呢？答案就是通过使用 ROS 客户端库。ROS 客户端库是一系列实现了 ROS 概念所对应功能的代码。我们仅在代码中包含这些库函数便可以实现一个 ROS 节点。客户端库提供了丰富的用于创建 ROS 应用的内置函数，可以帮我们节省大量的开发时间。

原则上，我们可以用任何编程语言编写 ROS 节点。但如果 ROS 提供了支持这种编程语言的客户端库，那么创建 ROS 节点就更容易了；如果没有，那么就需要我们自己来实现 ROS 库。以下是主要的 ROS 客户端库。

1）roscpp：这是 C++ 的 ROS 客户端库。由于它具有高性能，因此被广泛用于 ROS 应用开发。

2）rospy：这是 Python 的 ROS 客户端库（http://wiki.ros.org/rospy）。它的优势在于节省开发时间。与 roscpp 相比，我们可以用更少的时间创建一个 ROS 节点。它是用于快速原型设计的一个理想选择，但是它的性能和 roscpp 相比较差。ROS 中的大多数命令行工具，如 roslaunch、roscore 等，都是用 rospy 客户端库编写的。

3）roslisp：这是 Lisp 语言的 ROS 客户端库。它主要用于 ROS 中的运动规划库，并不像 roscpp 和 rospy 一样常用。

当然还有一些包括 rosjava、rosnodejs 和 roslua 的实验性的客户端库。完整的 ROS 客户端库列表可参考网址 http://wiki.ros.org/Client%20Libraries。

这里，我们将主要使用 roscpp 和 rospy。

5.3.1 roscpp 和 rospy

这一小节将介绍如何使用 roscpp 和 rospy 的客户端库编写 ROS 节点，其中包括 ROS 节点中使用的头文件和模块的介绍、初始化 ROS 节点，以及发布和订阅话题等。

1. 头文件和 ROS 模块

当用 C++ 编写代码时，第一部分要包含头文件。类似的，当编写 Python 代码时，第一部分也要导入 Python 模块。在这一小节，我们将着眼于重要的头文件和需要导入 ROS 节点的 Python 模块。

为了创建 ROS C++ 节点，必须包含以下头文件。

```
#include"ros/ros.h"
```

ros.h 文件中包含了实现 ROS 功能所必需的所有头文件。不包含这个头文件，就不能创建 ROS 节点。

ROS 节点中使用的第二种头文件是 ROS 消息头文件。如果要在节点中使用某种特定的消息类型，那么一定要包含消息头文件。ROS 中有一些内置的消息类型，使用者也可以创建新的消息类型。ROS 中有一个名称为 std_msgs 的内置消息程序包，这其中包含诸如整型、浮点型和字符串型等的标准数据类型的消息定义。举个例子，如果要在代码中包含字符串消息，便可以使用下面的代码。

```
#include"std_msgs/String.h"
```

这行代码中，第一部分是程序包名，第二部分是消息类型名。如果需要使用定制的消息类型，可以用以下语法包含它。

```
# include"msg_pkg_name/message_name.h"
```

以下是 std_msgs 程序包中的一些消息头文件。

```
# include"std_msgs/Int32.h"
```

```
# include"std_msgs/Int64.h"
```

std_msgs 程序包中的完整消息类型列表可参见以下网址。

```
http://wiki.ros.org/std_msgs
```

在 Python 中，我们必须导入模块来创建 ROS 节点。相应的，这里需要导入的 ROS 模块是 import rospy。

rospy 包含了所有重要的 ROS 功能。为了导入消息类型，我们也必须像在 C++ 中那样导入特定的消息模块。

以下是在 Python 中导入字符串消息类型的代码。

```
from std_msgs.msg import String
```

我们必须使用 package_name.msg 程序包并导入需要的消息类型。

2. 初始化 ROS 节点

在开始编写任何 ROS 节点前，都需要首先初始化节点。这是必须要做的一步。

在 C++ 中，我们用以下几行代码初始化节点。

```
int main(int argc,char *argv)
{
ros::init(argc,argv,"name_of_node")
...
}
```

在 main() 函数中，我们必须包含 ros::init() 函数，这个函数可以初始化 ROS 节点。我们还可以向 init() 函数传递 argc、argv 命令行参数和节点的名称。该名称便是 ROS 节点的名称，我们可以用 rosnode list 命令查看。在 Python 中，我们可以使用以下这行代码实现相同的功能。

```
rospy.init_node('name_of_node',anonymous=True);
```

第一个参数是节点名；第二个参数是 anonymous=True，意味着可以在系统中同时运行该节点的多个实例。

3. 在 ROS 节点中打印信息

ROS 提供了记录日志信息的应用程序接口。这些信息是一些可读字符串，表示了节点的运行状态。

在 C++ 中，以下函数可以用于记录节点信息。

ROS_INFO（string_msg，args）：记录节点输出的基本信息。

ROS_WARN（string_msg，args）：记录节点输出的警告信息。

ROS_DEBUG（string_msg，args）：记录节点输出的调试信息。

ROS_ERROR（string_msg，args）：记录节点输出的错误信息。

ROS_FATAL（string_msg，args）：记录节点的致命信息。

例如，ROS_DEBUG（"Hello %s","World"）;。

在 Python 中，也有几个函数用于记录日志信息。

- rospy.logdebug（msg，*args）。
- rospy.logerr（msg，*args）。
- rospy.logfatal（msg，*args）。
- ospy.loginfo（msg，*args）。
- rospy.logwarn（msg，*args）。

4. 创建节点句柄

初始化节点之后，我们必须创建一个节点句柄实例，用于启动 ROS 节点和诸如发布、订阅话题等的其他操作。这里，我们使用 ros::NodeHandle 创建这个句柄实例。

在 C++ 中，以下这行代码演示了创建 ros::NodeHandle 实例的方法。
```
ros::NodeHandle nh;
```
节点中的其他操作都可以通过使用 nh 实例来访问。在 Python 中，我们不需要创建句柄，rospy 模块在内部自动解决了这个问题。

5. 创建 ROS 消息定义

发布话题前，我们必须创建一个 ROS 消息定义。

在 C++ 中，我们用以下这行代码创建 ROS 消息的一个实例。举个例子，以下是我们创建 std_msgs/String 实例的一种方式。
```
std_msgs::String msg;
```
创建了 ROS 消息的实例后，我们可以以下行代码添加数据。
```
msg.data = "String data"
```
在 Python 中，我们用以下两行代码向字符串中添加数据。
```
msg = String()
msg.data = "string data"
```

6. 在 ROS 节点中发布话题

这里将演示在 ROS 节点中发布话题的方式，在 C++ 中，我们使用以下语法。
```
ros::Publisher publisher_object = node_handle.advertise < ROS message type > ("topic_name",1000)
```
创建了待发布的话题后，publish( ) 命令能够通过话题来发送 ROS 消息。
```
publisher_object.publish(message)
```
Example:
```
ros::Publisher chatter_pub = nh.advertise < std_msgs::String > ("chatter",1000);
chatter_pub.publish(msg);
```
在这个例子中，chatter_pub 是 ROS 的发布者实例，chatter_pub 会发布消息类型为 std_msgs/String 的话题，而话题的名称为 chatter，队列大小为 1000。

在 Python 中，发布话题的语法如下。
```
publisher_instance = rospy.Publisher('topic_name',message_type, queue_size)
```
例如：
```
pub = rospy.Publisher('chatter',String,queue_size = 10) pub.publish(hello_str)
```
这个例子发布了一个名为 chatter 的话题，消息类型为 std_msgs/String，队列大小为 10。

7. 在 ROS 节点中订阅话题

发布话题时，我们必须创建消息类型并且需要通过话题来发布该消息。订阅话题时，消息同样从话题中被接收。

以下是 C++中订阅话题的语法。

`ros::Subscriber subscriber_obj = nodehandle.subscribe("topic_name",1000,callback function)`

当订阅话题时，我们不需要规定话题的消息类型，但是我们必须给定话题名称和对应的回调函数。回调函数是用户自定义函数。一旦从话题中接收到 ROS 信息，回调函数就会被执行。在回调函数中，我们可以操作 ROS 消息，例如，打印消息或者根据消息数据做出决定。

以下是 chatter 话题的一个例子，其中 chatterCallback 是它的回调函数。

`ros::Subscriber sub=n.subscribe("chatter",1000,chatterCallback);`

以下代码展示了在 Python 中如何订阅话题。

`rospy.Subscriber("topic_name",message_type,callback funtion name")`

以下代码展示了如何订阅消息类型为 String 的 chatter 话题，以及为其设置相应的回调函数。在 Python 中，我们必须在 Subscriber() 函数中指定消息类型。

`rospy.Subscriber("chatter",String,callback)`

8. 在 ROS 节点中编写回调函数

当订阅 ROS 话题并且有消息到达话题时，回调函数就被触发。细心的读者也许已经观察到，在订阅函数中已经指定了其回调函数。以下是 C++中回调函数的语法和例子。

```
void callback_name(const ros_message_const_pointer & pointer)
{
//获取数据
pointer->data
}
```

以下代码演示了如何在回调函数中处理 ROS 字符串消息并显示数据。

```
void chatterCallback(const std_msgs::String::ConstPtr & msg)
{
  ROS_INFO("I heard:[%s]",msg->data.c_str());
}
```

以下代码演示了如何在 Python 中编写回调函数。回调函数和普通的 Python 函数很相似，函数的参数含有消息数据。

```
def callback(data):
  rospy.loginfo(rospy.get_caller_id()+"I heard %s",data.data)
```

9. ROS 节点中的 ROS spin( )函数

在订阅或者发布函数之后，我们还需要调用一个函数来处理来自其他节点的订阅请求或发布请求。在 C++ 节点中，发布话题后需要调用 ros::spinOnce()函数。如果只订阅话题，那么应该调用 ros::spinOnce()函数。如果既要发布话题又要订阅话题，那么可以使用 spin()函数。

Python 中没有 spin()函数，但是却可以在发布话题后使用 rospy.sleep()函数。如果只订阅话题，那么可以使用 rospy.spin()函数。

10. ROS 节点中的 ROS sleep 函数

如果我们想为节点中的循环设置一个恒定的速率，那么可以用 ros::Rate 功能。我们可以先创建一个 ros::Rate 的实例，并在实例中指定我们想要的速率。创建了实例后，我们还必须调用实例的 sleep()函数来使之生效。

在下面的 C++ 代码示例中，我们设置的频率为 10Hz。

```
ros::Rate r(10);//10Hz
r.sleep();
```

以下代码是在 Python 中设置 10Hz 频率的方式。

```
rate=rospy.Rate(10)#10Hz
rate.sleep()
```

11. 设置和获取 ROS 参数

在 C++ 中，我们使用以下代码来获取参数。基本上，我们必须先声明一个变量，然后用节点句柄 node_handle 中的 getParam()函数来获取所需要的参数。

```
std::string global_name;
if(nh.getParam("/global_name",global_name))
{
...
}
```

以下这行代码显示了设置一个 ROS 参数的方式，我们需要在 setParam()函数中规定参数的名称和数值。

```
nh.setParam("/global_param",5);
```

在 Python 中，我们可以用以下代码完成同样的功能。

```
global_name = rospy.get_param("/global_name") rospy.set_param('~private_int','2')
```

5.3.2 基于 ROS 的 Hello World 实例

在这一小节中，我们将创建一个名为 hello_world 的基础程序包，以及一个发送节点和一个接收节点，用于传递"Hello World"字符串消息。通过这个实例将会学习如何用 C++ 和 Python 编写一个 ROS 节点。

1. 创建名为 hello_world 的程序包

在 ROS 中，源代码是以包的形式组织的。所以在我们编写任何程序前，都必须先创建一个 ROS 程序包。

为了创建一个 ROS 程序包，我们必须给程序包命名，然后指定依赖包，从而为编译包内的程序提供支持。举个例子，如果程序包含有 C++ 程序，则必须添加 "roscpp" 作为依赖包。如果是 Python 程序，必须添加 "rospy" 作为依赖包。在创建程序包前，需要先切换到 src 文件夹下。

图 5-7 显示了执行 "$ catkin_ws/src $ catkin_create_pkg hello_world roscpp rospy std_msgs" 命令后的输出。

```
robot@robot-pc:~/catkin_ws/src$ catkin_create_pkg hello_world roscpp rospy std_msgs
Created file hello_world/CMakeLists.txt
Created file hello_world/package.xml
Created folder hello_world/include/hello_world
Created folder hello_world/src
Successfully created files in /home/robot/catkin_ws/src/hello_world. Please adjust t
robot@robot-pc:~/catkin_ws/src$
```

图 5-7　执行命令后的输出

现在我们可以浏览一下创建好的这个程序包。第一个重要的文件是 package.xml 文件。正如之前所讨论的那样，这个文件中包含程序包及其依赖包的相关信息。

图 5-8 所示为 package.xml 文件的定义。事实上，当我们创建程序包时，

```xml
<?xml version="1.0"?>
<package>
  <name>hello_world</name>
  <version>0.0.0</version>
  <description>The hello_world package</description>
  <maintainer email="robot@todo.todo">robot</maintainer>
  <license>TODO</license>

  <buildtool_depend>catkin</buildtool_depend>
  <build_depend>roscpp</build_depend>
  <build_depend>rospy</build_depend>
  <build_depend>std_msgs</build_depend>
  <run_depend>roscpp</run_depend>
  <run_depend>rospy</run_depend>
  <run_depend>std_msgs</run_depend>

  <export>
  </export>
</package>
```

图 5-8　package.xml 文件的定义

除了功能性代码外，其中的文件还会包含一些使用说明性质的注释。但为了让代码更清晰，其中所有的注释都已经被删除了。

我们可以编辑这个文件，向其中添加依赖包信息、程序包信息和其他相关信息。可以通过以下网址了解更多关于 package.xml 文件的使用方法。

http://wiki.ros.org/catkin/package.xml

图 5-9 所示是 CMakeLists.txt 文件的示例。

```
cmake_minimum_required(VERSION 2.8.3)
project(hello_world)

find_package(catkin REQUIRED COMPONENTS
  roscpp
  rospy
  std_msgs
)

catkin_package()

include_directories(
  ${catkin_INCLUDE_DIRS}
)
```

图 5-9 CMakeLists.txt 文件的示例

上述这个文件是编译程序包所需的最小版本的 cmake 文件，其工程的名称被放在文件的顶部。find_package 命令用于寻找这个程序包所必需的系统依赖包。

如果找不到这些依赖包，就不能编译这个程序包。

catkin_package 命令是 catkin 提供的一个 CMake 宏，它用于向编译系统指定工程需要依赖的其他 ROS 程序包。

我们可以通过以下网址了解更多关于 CMakeLists.txt 的信息。

http://wiki.ros.org/catkin/CMakeLists.txt

在创建 ROS 程序包方面，下述网站提供了一个较好的参考。

http://wiki.ros.org/ROS/Tutorials/catkin/CreatingPackage

2. 创建 ROS C++ 节点

创建了程序包后，下一步是创建 ROS 节点。C++ 代码存储在 src 文件夹中。

以下代码创建了第一个 ROS 节点。这是一个发布"Hello World"字符串消息的 C++ 节点。我们可以将它保存至 src/talker.cpp 文件中。

```cpp
#include"ros/ros.h"
#include"std_msgs/String.h"
#include <sstream>
int main(int argc,char **argv)
{
  ros::init(argc,argv,"talker");   ros::NodeHandle n;
  ros::Publisher chatter_pub=n.advertise<std_msgs::String>("chatter",1000);
ros::Rate loop_rate(10);
int count=0;
  while(ros::ok())
  {
  std_msgs::String msg;
std::stringstream ss;
ss <<"hello world"<< count;
  msg.data=ss.str();
ROS_INFO("%s",
msg.data.c_str());
chatter_pub.publish(msg);
ros::spinOnce();
    loop_rate.sleep();
    ++count;
  }
return 0;
}
```

这段代码非常简单。它首先创建了一个新的字符串消息实例和一个发布器实例。之后，将计数器的数值添加到字符串消息中，然后发布 chatter 话题。我们也可以在代码中看到 ros::spinOnce() 函数的使用方法。这段代码将会一直执行，直到按 <Ctrl+C> 组合键。

接下来看到的是 listener.cpp 文件，这个文件订阅了由 talker.cpp 文件发布的话题。在从话题中获取数据后，直接将消息打印出来。

```cpp
#include"ros/ros.h"
#include"std_msgs/String.h"
  void chatterCallback(const std_msgs::String::ConstPtr & msg){ROS_INFO("I heard:[%s]",msg->data.c_str()); }
  int main(int argc,char **argv){
    ros::init(argc,argv,"listener");
  ros::NodeHandle n;
```

```
ros::Subscriber sub = n.subscribe("chatter",1000,chatterCallback);
  ros::spin();
  return 0;
}
```

在 listener.cpp 文件中，chatter 话题订阅消息，并为话题注册了一个名称为 chatterCallback 的回调函数。回调函数定义在程序的起始位置。一旦有消息传到 chatter 话题，这个回调函数就会被执行。在回调函数中，消息函数中的数据被打印出来。

ros::spin 命令执行回调函数，并帮助节点维持等待状态，这个命令将会一直执行，直到按 < Ctrl + C > 组合键。

3. 编辑 CMakeLists.txt 文件

hello_world/src 文件夹中保存了上述两个文件后，我们需要编译节点来创建可执行文件。为此我们需要创建 CMakeList.txt 文件，这个创建过程并不困难，只需要向 CMakeLists.txt 中添加几行代码即可。图 5-10 所示为需要插入的代码行。

```
include_directories(
  ${catkin_INCLUDE_DIRS}
)

add_executable(talker src/talker.cpp)
target_link_libraries(talker
  ${catkin_LIBRARIES}
)

add_executable(listener src/listener.cpp)
target_link_libraries(listener
  ${catkin_LIBRARIES}
)
```

图 5-10 在 CMakeLists.txt 中需要插入的代码行

可以看到，我们向 CMakeLists.txt 中添加了 add_executable 命令和 target_link_libraries 命令。add_executable 命令表示从源代码中创建可执行文件，其第一个参数是可执行文件名；之后，这个文件通过 target_link_libraries 命令与指定的库函数相链接。如果这两个步骤均执行成功，那么就可以得到可执行的节点了。

4. 编译 C++ 节点

保存了 CMakeLists.txt 后，我们便可以编译源代码了。编译命令为 catkin_make。我们只需要切换到工作空间文件夹下，然后执行 catkin_make 命令即可。

假设工作空间在 home 文件夹中，可以执行如下命令切换至 catkin_ws 文件夹。

$ cd ~/catkin_ws

执行 catkin_make 命令来编译节点。

$ catkin_make

如果一切无误，就会得到一条表明编译成功的信息，如图 5-11 所示。

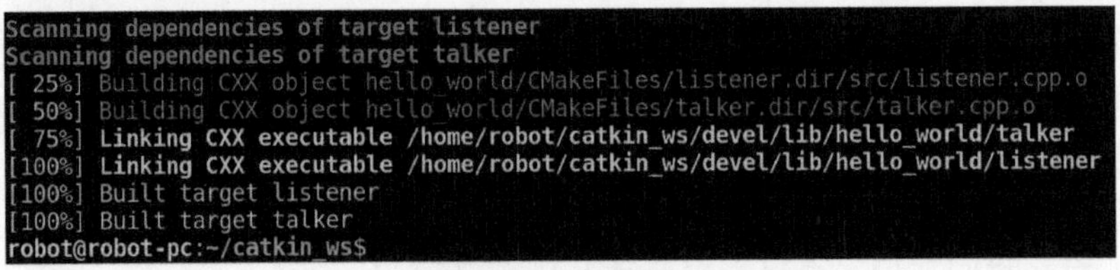

图 5-11　终端中显示的编译成功的信息

现在，我们就成功地编译了节点。我们可以执行这些节点了吗？这个问题将在接下来的内容中讨论。

5. 执行 C++ 节点

编译节点后，生成的可执行文件被放置在 catkin_ws/devel/lib/hello_world/ 文件夹下，如图 5-12 所示。

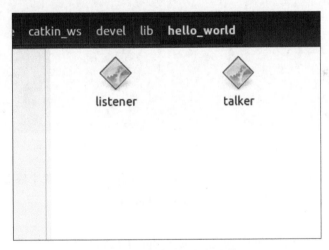

图 5-12　生成的可执行文件

创建了可执行文件后，我们便可以在 Linux 终端中执行它们了。

打开 3 个终端，然后逐条执行如下命令。

启动 roscore：

$ roscore

以下命令用于启动 talker 节点。这里，我们使用了 rosrun 命令来启动节点。

```
$ rosrun hello_world talker
```
这个节点将在终端中打印消息。我们可以用以下命令检查当前系统中的 ROS 话题列表。
```
$ rostopic list
```
此时应该会看到以下话题：
/chatter
/rosout
/rosout_agg

"chatter"是由 talker 节点发布的话题。/rosout 话题用于日志记录，当我们执行完 roscore 命令时，它就开始运行了。

下面，我们在另一个终端中启动 listener 节点。
```
$ rosrun hello_world listener
```
图 5-13 所示为来自 chatter 话题的消息数据。

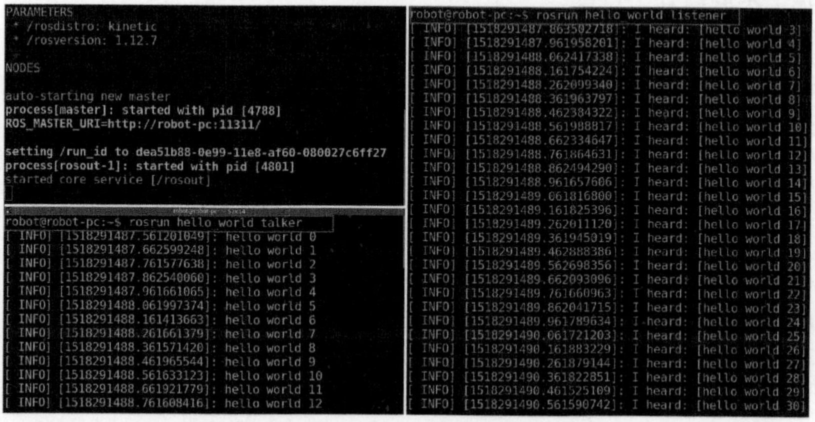

图 5-13　来自 chatter 话题的消息数据

如果要结束程序，可以按 < Ctrl + C > 组合键来关闭各个终端。接下来，我们将学习如何使用 Python 创建 talker 和 listener 节点。

6. 创建 Python 节点

我们可以在程序包中创建名为 scripts 的文件夹，然后将 Python 脚本 (scripts/talker.py) 保存在这个文件夹中。下面我们将讨论的第一个程序是 talker.py。

```
import rospy
from std_msgs.msg import String
def talker():
    rospy.init_node('talker',anonymous=True)
    pub=rospy.Publisher('chatter',String,queue_size=10)
```

```
rate = rospy.Rate(10) #10Hz
while not rospy.is_shutdown():
    hello_str = "hello world %s"% rospy.get_time()
    rospy.loginfo(hello_str)
    pub.publish(hello_str)
    rate.sleep()
if __name__ == '__main__':
  try:
    talker()
  exceptrospy.ROSInterruptException:
pass
```

可以看到，在程序的起始位置，我们首先导入了 rospy 模块和 ros 消息模块中的 String 数据类型。然后在 talker()函数中，我们对 ROS 节点进行了初始化，并创建了一个新的 ROS 发布器。之后，我们使用 while 循环来向/chatter 话题发布"Hello World"的字符串消息。这个节点的工作方式其实和我们之前讨论过的 talker.cpp 是一样的。

下面的订阅节点 listener.py 同样需要被保存在 scripts 文件夹中。

```
import rospy
from std_msgs.msg import String
def callback(data):
  rospy.loginfo(rospy.get_caller_id() + "I heard %s",data.data)
def listener():
#在 ROS 中,节点的命名应该是唯一的。如果启动了两个名字相同的节点
#那么前一个节点就会被关闭。anonymous = True 代表我们允许 rospy 为 talker 节点
#生成一个唯一的名称,这样多个 talker 节点便可以同时运行了
rospy.init_node('listeneranonymous = True)
rospy.Subscriber("chatter",String,callback)
#spin()用于保证 python 在节点被关闭之前保持运行状态
rospy.spin()
if __name__ == '__main__':
listener()
```

这个节点和 listener.cpp 相似。我们首先对节点进行初始化，然后在 chatter 话题上创建一个订阅器。订阅了话题后，节点就开始等待 ROS 消息了。这个等待由 rospy.spin()函数完成。在 callback()函数中，消息被打印出来。

7. 执行 Python 节点

在这里，我们将了解如何执行 Python 节点。我们不必编译 Python 节点，

只用以下命令就可以执行。

启动 roscore：

$ roscore

运行 talker.py：

$ rosrun hello_world talker.py

运行 listener.py：

$ rosrun hello_world listener.py

图 5-14 所示为命令执行后的输出。

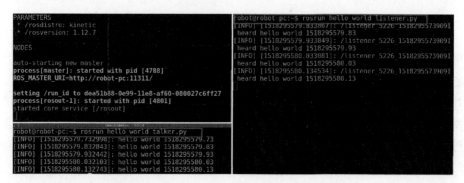

图 5-14　talker 和 listener 的 Python 节点的输出

8. 创建启动文件

这里将讨论如何为 C++ 和 Python 节点编写 launch 启动文件。ROS 启动文件的优势在于，我们可以在一条指令中运行任意数量的节点。

我们可以在程序包中创建名为 launch 的文件夹，并在这个文件夹中保存启动文件。

以下是可以运行 C++ 可执行文件的 talker_listener.launch 文件。

< launch >

< node name = "listener_node"pkg = "hello_world"type = "listener"output = "screen"/ >

< node name = "talker_node"pkg = "hello_world"type = "talker"output = "screen"/ >

< /launch >

这个启动文件可以一次性运行 talker 和 listener 两个节点。节点的程序包含在"pkg ="域中，可执行文件名在"type ="域中，可以任意命名这些节点。当然如果节点名和可执行文件名相近，就更利于维护了。

launch 文件夹中保存了 launch 启动文件后，还需要更改该文件的可执行权限，可以通过以下命令来实现。

$ hello_world/launch $ sudo chmod +x talker_listener.launch

以下是运行 launch 启动文件的命令。我们可以在任何终端路径执行这行命令。

$ roslaunch hello_world talker_listener.launch

执行完 roslaunch 命令后需要输入程序包名和启动文件名。

图 5-15 所示为文件的输出。

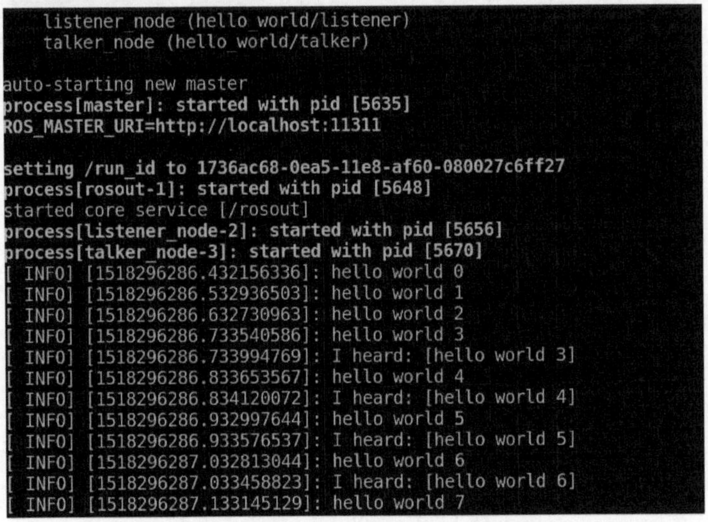

图 5-15　talker_listener.launch 文件的输出

为了运行 Python 节点，可使用以下启动文件。可以把这个文件保存为 talker_listener_python.launch，同样放在 launch 文件夹下。

<launch>

<node name = "listener_node" pkg = "hello_world" type = "listener.py"output = "screen"/ >

<node name = "talker_node"pkg = "hello_world"type = "talker.py"output = "screen"/ >

</launch>

保存这个文件之后，也需要更改文件的可执行权限，代码如下。

$ hello_world/launch $ sudo chmod +x talker_listener_python.launch

然后用 roslaunch 命令执行该启动文件。

$ roslaunch hello_world talker_listener_python.launch

输出和 C++ 节点是一样的。我们可以在运行启动文件的终端中按 <Ctrl + C> 组合键来终止启动文件的运行。

9. 计算图可视化

launch 文件执行时发生了什么？rqt_graph GUI 工具可以将 ROS 计算图可视化。这里以前面创建的任一启动文件为例。

```
$ roslaunch hello_world talker_listener.launch
```
并在另一终端中运行以下代码。
```
$ rqt_graph
```
图 5-16 所示为这个 GUI 工具的输出。

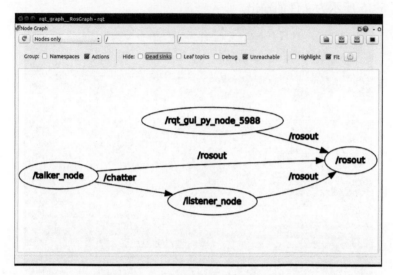

图 5-16　rqt_graph GUI 工具的输出

在图 5-16 中，talker_node 是我们在启动文件中分配给 talker 的名称。listener_node 是 listener 节点的名称。chatter 是由 talker_node 发布的话题，它被 listener_node 订阅。

这两个节点的调试信息都存储在 rosout 中。调试信息是使用 ROS 调试功能时打印的信息（http://wiki.ros.org/roscpp/Overview/Logging）。之前我们已经讨论了相关函数的用法。rqt_gui 节点本身也会也向 rosout 发送调试信息。

以上就是 ROS 计算图的基本工作原理了。

5.3.3　使用 rospy 为 turtlesim 编程

我们已经完成了基于 C++ 和 Python 的 ROS "Hello World" 的例子。在这一小节，我们将编写一个更有趣的程序。我们之前已经了解了 ROS 中的 turtlesim 应用，现在开始学习如何用 rospy 给 turtlesim 编程。之所以选择 rospy，是因为它使用起来非常简便。在 turtlesim 中，有一只我们可以控制的小乌龟，它可以根据命令在其工作区内自由移动。

1. 移动乌龟

这里将具体讨论如何为 turtlesim 编程来使乌龟沿着它的工作区移动。

我们已经知道了如何启动 turtlesim 应用，以下便是要运行的命令。

启动 roscore：
```
$ roscore
```
在另一个终端中运行 turtlesim：
```
$ rosrun turtlesim turtlesim_node
```
以下是通过 turtlesim 节点发布的话题列表：
```
$ rostopic list
/rosout
/rosout_agg
/turtle1/cmd_vel
/turtle1/color_sensor
/turtle1/pose
```

为了在 turtlesim 中移动乌龟，我们还需要向/turtle1/cmd_vel 话题发送线速度和角速度。

首先用以下命令检查/turtle1/cmd_vel 话题的类型：
```
$ rostopic type/turtle1/cmd_vel
geometry_msgs/Twist
```

这个输出意味着/turtle1/cmd_vel 话题的消息类型是 geometry_msgs/Twist，所以接下来我们必须向这个话题发送同样类型的消息来移动机器人。

要查看 geometry_msgs/Twist 的定义，可以使用以下命令。
```
$ rosmsg show geometry_msgs/Twist
```
这条命令的输出如图 5-17 所示。

```
robot@robot-pc:~$ rosmsg show geometry_msgs/Twist
geometry_msgs/Vector3 linear
  float64 x
  float64 y
  float64 z
geometry_msgs/Vector3 angular
  float64 x
  float64 y
  float64 z
```

图 5-17　$ rosmsg show geometry_msgs/Twist 命令的输出

Twist 消息有两个部分：线速度和角速度。

如果我们设置了消息的线速度部分，那么小乌龟便可以向前或向后移动。在 turtlesim 中，我们只可以设置线速度的 x 分量，即 linear.x，因为小乌龟只可以在 x 轴上移动，在 y 轴和 z 轴方向上无法运动（这里的坐标系设置在小乌龟的身体上，而不是它的工作区上）。此外，我们也可以设置绕 z 轴的角速度来使小乌龟可以沿着自身的轴旋转，这对其他分量不会产生影响。

关于 Twist 消息的更多信息可参考以下网址：
http://docs.ros.org/api/geometry_msgs/html/msg/Twist.html。

我们怎样才能通过命令行来发布话题使小乌龟移动呢？答案是通过使用 rostopic。以下命令向 turtlesim 节点发送了 x 轴线速度为 0.1 的一则消息。

注意：我们不需要输入完整的命令，可以使用〈Tab〉键来自动补全命令。只需输入 rostopic pub/turtle1/cmd_vel，然后按〈Tab〉键即可自动补全其他字段。

```
$ rostopic pub/turtle1/cmd_vel geometry_msgs/Twist"linear:
x:0.1
y:0
z:0
angular:x:0
y:0
z:0"
```

那么我们在 Python 节点中如何实现移动小乌龟呢？

我们将创建一个名为 move_turtle 的新节点，然后向 turtlesim 节点发布 Twist 信息。图 5-18 所示为这两个节点间的通信关系。

图 5-18　move_turtle 节点和 turtlesim 节点间的计算图

以下是 move_turtle.py 节点的代码。我们可以通过阅读其中的注释来更好地了解每一行代码。

```python
#! /usr/bin/env python
import rospy
#导入 Twist 消息：用于向 turtlesim 发送速度
from geometry_msgs.msg import Twist
#处理命令行参数
import sys
#移动乌龟的函数：参数为线速度和角速度
def move_turtle(lin_vel,ang_vel):
    rospy.init_node('move_turtle',anonymous=False)
    #/turtle1/cmd_vel 是目标话题，我们需要向其发送 Twist 消息
    pub=rospy.Publisher('/turtle1/cmd_vel',Twist,queue_size=10)
```

```python
rate = rospy.Rate(10) #10hz
#创建 Twist 消息实例
vel = Twist()
while not rospy.is_shutdown():
#向消息添加线速度和角速度
vel.linear.x = lin_vel
vel.linear.y = 0
vel.linear.z = 0
vel.angular.x = 0
vel.angular.y = 0
vel.angular.z = ang_vel
rospy.loginfo("Linear Vel =% f:Angular Vel =%f",lin_vel,ang_vel)
#发布 Twist 消息
pub.publish(vel)
rate.sleep()
if __name__ == '__main__':
try:
#通过命令行向程序提供线速度和角速度
move_turtle(float(sys.argv[1]),float(sys.argv[2]))
except rospy.ROSInterruptException:
pass
```

这个脚本首先通过命令行获取用户提供的线速度和角速度。在代码中，我们使用了 Python sys 模块来获取命令行参数。一旦获得线速度和角速度，我们便会调用 move_turtle() 函数，这个函数向 Twist 消息添加两个速度并发布该 Twist 消息。

我们可以将这段代码保存为 move_turtle.py，然后更改其权限，使之成为可执行文件。

接下来通过以下命令运行该实例。

启动 roscore：

$ roscore

启动 turtlesim 节点：

$ rosrun turtlesim turtlesim_node

启动带有命令行参数的 move_turtle.py 节点，参数分别为 0.2 和 0.1，也就是说线速度为 0.2m/s，角速度为 0.1rad/s。

$ rosrun hello_world move_turtle.py 0.2 0.1

如果命令运行成功，会得到图 5-19 所示的结果，小乌龟行走了一个圆形轨迹。

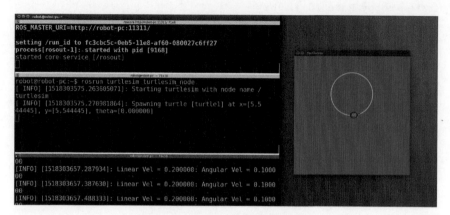

图 5-19 命令运行成功后的结果

2. 显示机器人的位置

我们已经了解了如何向小乌龟发送速度命令。下面将学习如何从/turtle1/pose 话题中获取小乌龟的当前位置。

现在重启 turtlesim 节点并且关闭 move_turtle.py，然后使用 rostopic 读取/turtle1/pose 话题，命令如下。小乌龟的当前位置便会被打印在终端中，如图 5-20 所示。

$ rostopic echo/turtle1/pose

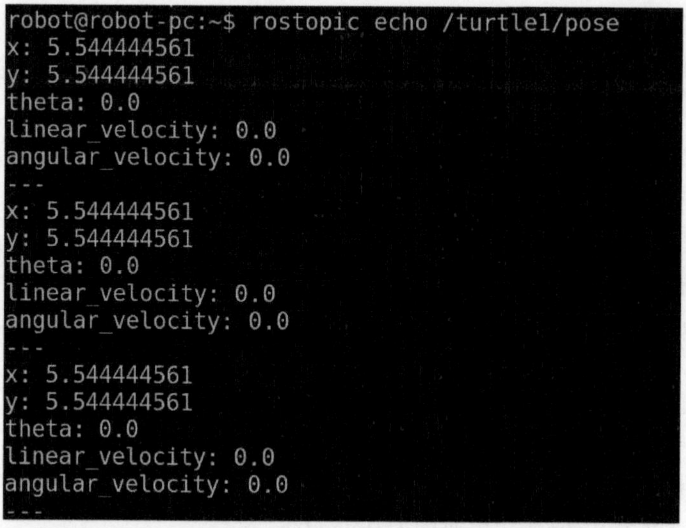

图 5-20 从/turtle1/pose 话题读取的小乌龟位置

此时可以看到小乌龟的当前坐标（x，y，theta），以及其当前的角速度和线速度。

如果要用一个 Python 节点得到这个位置,则必须订阅名称为/turtle1/pose 的话题。为了实现这一步及从消息中获得数据,我们还必须知道 ROS 的消息类型。下面的命令可以用来查找消息类型。

$ rostopic type/turtle1/pose

turtlesim/Pose

如果要知道消息的定义,可以使用下面的命令。

$ rosmsg show turtlesim/Pose

如图 5-21 所示,消息中一共有 5 个参数:x、y、theta、线速度 linear_velocity 和角速度 angular_velocity。

```
robot@robot-pc:~$ rosmsg show turtlesim/pose
float32 x
float32 y
float32 theta
float32 linear_velocity
float32 angular_velocity
```

图 5-21 turtlesim/Pose 的 ROS 消息的参数

想要了解关于这个消息的更多内容,可以查阅 http://docs.ros.org/api/turtlesim/html/msg/Pose.html。

下面修改一下现在的 move_turtle.py,将订阅/turtle1/pose 话题的选项添加进去,然后将其保存为 move_turtle_get_pose.py。

图 5-22 所示为这一程序的工作原理。它发布速度控制命令,并且同时从 turtleism 节点订阅小乌龟的位置信息。

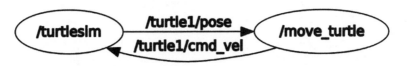

图 5-22 move_turtle_get_pose.py 的工作原理

```
#! /usr/bin/env python
import rospy
from geometry_msgs.msg import Twist
from turtlesim.msg import Pose
import sys
#/turtle1/Pose 是话题的回调函数
def pose_callback(pose):
    rospy.loginfo("Robot X =% f:Y =% f:
    Z =% f\n",pose.x,pose.y,pose.theta)
```

```python
def move_turtle(lin_vel,ang_vel):
    rospy.init_node('move_turtle',anonymous=True)
    pub=rospy.Publisher('/turtle1/cmd_vel',Twist,queue_size=10)
    #创建一个订阅器:订阅的话题为/turtle1/pose,回调函数的名称为pose_callback
    rospy.Subscriber('/turtle1/pose',Pose,pose_callback)
    rate=rospy.Rate(10) #10Hz
    vel=Twist()
    while not rospy.is_shutdown():
        vel.linear.x=lin_vel
        vel.linear.y=0
        vel.linear.z=0
        vel.angular.x=0
        vel.angular.y=0
        vel.angular.z=ang_vel
        rospy.loginfo("Linear Vel=%f:Angular Vel=%f",lin_vel,ang_vel)
        pub.publish(vel)
        rate.sleep()
if __name__=='__main__':
    try:
        move_turtle(float(sys.argv[1]),float(sys.argv[2]))
    except rospy.ROSInterruptException:
        pass
```

这些代码非常简单直白。根据其中的注释很容易理解。接下来我们使用下面的命令来运行这一段代码。

启动 roscore：

`$ roscore`

重新启动 turtlesim 节点：

`$ rosrun turtlesim turtlesim_node`

运行 move_turtle_get_pose.py 代码：

`$ rosrun hello_world move_turtle_get_pose.py 0.2 0.1`

图 5-23 所示为这一段代码的运行结果，可以看到机器人的位置和速度信息在终端中被打印了出来。

如果同时得到了位置和速度信息，我们就可以简单地命令机器人移动一定的距离了。下一个例子便通过距离反馈来移动小乌龟机器人。

我们将使用到的代码是 move_turtle_get_pose.py 程序的修改版。

3. 使用位置反馈移动机器人

我们可以将代码保存为 move_distance.py 节点。图 5-24 所示为 move_dis-

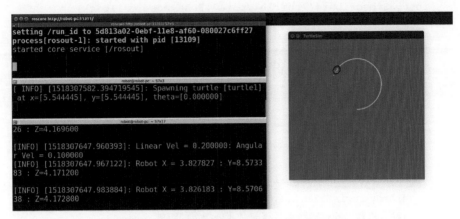

图 5-23　move_turtle_get_pose.py 代码的输出

图 5-24　move_distance.py 和 turtlesim 之间的通信关系

tance.py 节点通过/move_turtle 话题与/turtlesim 通信。

这个节点其实很简单，我们首先将线速度、角速度和距离（全局距离）作为命令行参数提供给它。然后，节点一边向小乌龟发送速度命令，一边检查它移动的距离。当它到达目的地时，小乌龟机器人便停止运动。我们可以通过阅读代码中的注释来了解这个节点的运行原理。

```
#! /usr/bin/env python
import rospy
from geometry_msgs.msg import Twist
from turtlesim.msg import Pose
import sys
robot_x = 0
def pose_callback(pose):
    global robot_x
    rospy.loginfo("Robot X =% f\n",pose.x)
    robot_x = pose.x
def move_turtle(lin_vel,ang_vel,distance):
    global robot_x
    rospy.init_node('move_turtle',anonymous = True)
    pub = rospy.Publisher('/turtle1/cmd_vel',Twist,queue_size =10)
```

```python
    rospy.Subscriber('/turtle1/pose',Pose,pose_callback)
    rate = rospy.Rate(10) #10Hz
    vel = Twist()
    while not rospy.is_shutdown():
      vel.linear.x = lin_vel
      vel.linear.y = 0
      vel.linear.z = 0
      vel.angular.x = 0
      vel.angular.y = 0
      vel.angular.z = ang_vel
        #rospy.loginfo("LinearVel=%f:AngularVel=%f",lin_vel,ang_vel)
        #检查机器人的移动距离是否超过命令指定的距离
        #如果超过,则暂停节点
        if(robot_x > = distance):
            rospy.loginfo("Robot Reached destination")
            rospy.logwarn("Stopping robot")
            break
      pub.publish(vel)
      rate.sleep()
if __name__ == '__main__':
    try:
        move_turtle(float(sys.argv[1]),float(sys.argv[2]),
        float(sys.argv[3]))
      except rospy.ROSInterruptException:
          pass
```

我们使用下面的命令来运行这段代码,输出如图 5-25 所示。

启动 roscore:

`$ roscore`

启动 turtlesim 节点:

`$ rosrun turtlesim turtlesim_node`

运行 move_distance.py,给定线速度、角速度和机器人应该移动的全局距离。

`$ rosrun hello_world move_distance.py 0.2 0.0 8.0`

我们已经通过使用 ROS 话题在 turtlesim 中学习了很多知识,现在可以开始使用 ROS 服务和 ROS 参数了。接下来的内容将简单地展现如何重置 turtlesim 工作区,以及随机改变其背景颜色。工作区的重置通过 ROS 服务来完成,颜色改变则使用 ROS 参数来完成。工作区重置后,机器人的位置将被设置为原点位置,并且小乌龟的外观模型也会随之改变。

图 5-25 move_distance.py 的输出

4. 重置机器人位置并改变背景颜色

这里的代码将展示如何在 Python 代码中调用 ROS 服务和参数。下面的代码可以从 turtlesim 节点中获取服务列表，如图 5-26 所示。

```
$ rosservice list
```

```
robot@robot-pc:~$ rosservice list
/clear
/kill
/reset
/rosout/get_loggers
/rosout/set_logger_level
/spawn
/turtle1/set_pen
/turtle1/teleport_absolute
/turtle1/teleport_relative
/turtlesim/get_loggers
/turtlesim/set_logger_level
```

图 5-26 turtlesim 节点的服务列表

以上列表中包含了几种服务，我们需要的是/reset（重置）服务。当调用此服务时，工作区将被重置。

通过以下命令可以检索到服务的类型。

```
$ rosservice type/reset
std_srvs/Empty
```

std_srvs/Empty 是 ROS 内置的一种服务。它没有数据域，是一个空类型。以下命令可以用于显示相应服务的数据域。

```
$ rossrv show std_srvs/Empty
...
```

我们还可以获取 ROS 的参数列表，如图 5-27 所示。可以看到，turtlesim 的背景颜色有 3 个参数，改变参数值即可改变背景颜色。设置好颜色之后，必须重置工作区才能显示新的颜色。

```
$ rosparam list
```

```
robot@robot-pc:~$ rosparam list
/background_b
/background_g
/background_r
/rosdistro
/roslaunch/uris/host_robot_pc__44371
/rosversion
/run_id
```

图 5-27 turtlesim 节点中的参数列表

以下命令可以获取每一个参数的值。

```
$ rosparam get/background_b
255
```

以下话题用于发布背景颜色信息，如图 5-28 所示。

```
$ rostopic echo/turtle1/color_sensor
```

```
robot@robot-pc:~$ rostopic echo /turtle1/color_sensor
r: 69
g: 86
b: 255
---
r: 69
g: 86
b: 255
---
r: 69
g: 86
b: 255
---
r: 69
g: 86
b: 255
---
```

图 5-28 用于发布背景颜色信息的话题

以下代码可以用来设置背景颜色参数，通过调用/reset 服务可以重置工作区，显示新的颜色。

```python
#! /usr/bin/env python
import rospy
import random
from std_srvs.srv import Empty
def change_color():
    rospy.init_node('change_color',anonymous=True)
    #将颜色参数设置为 0~255 之间的随机值
    rospy.set_param('/background_b',random.randint(0,255))
    rospy.set_param('/background_g',random.randint(0,255))
    rospy.set_param('/background_r',random.randint(0,255))
    #等待/reset 服务
    rospy.wait_for_service('/reset')
    #调用/reset 服务
    try:
        serv = rospy.ServiceProxy('/reset',Empty)
        resp = serv()
        rospy.loginfo("Executed service")
    except rospy.ServiceException,e:
        rospy.loginfo("Service call failed:%s"%e)
    rospy.spin()
if __name__=='__main__':
    try:
        change_color()
    except rospy.ROSInterruptException:
        pass
```

下面我们将代码保存为 turtle_service_param.py，然后用以下命令启动相关 ROS 节点，如图 5-29 所示。

启动 roscore：

$ roscore

启动 turtlesim_node：

$ rosrun turtlesim turtlesim_node

执行 turtle_service_param.py 代码：

$ rosrun hello_world turtle_service_param.py

现在已经成功地完成了 turtlesim 中的练习，画面中的小乌龟实际上就是一个机器人。对小乌龟所做的所有操作完全可以应用到一个真实的机器人上。下一章将介绍如何对一个真实的机器人实现这些操作。对小乌龟的操作只是一种

图 5-29 重置工作区并改变其背景颜色

仿真,但其中的运行过程与在实际硬件上的运行是相同的。

5.3.4 使用 rospy 对 turtlebot 编程

市场上可以买到几种完全运行在 ROS 和 Ubuntu 之上的机器人。TurtleBot 系列是其中的一种用于教育和研究的低成本机器人。我们可以在 www.turtlebot.com/turtlebot2/中了解更多关于 TurtleBot 2 机器人的信息。如果要查看 TurtleBot 的最新版本,可以访问 https://emanual.robotis.com/docs/en/platform/turtlebot3/overview/。

在这一小节中,我们将对 TurtleBot 2 进行编程将学习如何安装 TurtleBot 2 程序,以及如何在 Gazebo 中对 TurtleBot 进行仿真。我们为 turtlesim 开发的代码能够在 TurtleBot 2 和 TurtleBot 3 中运行。下面让我们开始第一步,安装 TurtleBot 2 程序包。

1. 安装 TurtleBot 2 程序包

ROS 软件源中已含 TurtleBot 程序包,只需要安装即可。

首先参照以下命令更新软件源列表:

$ sudo apt-get update

然后安装 TurtleBot 仿真包:

$ sudo apt-get install ros-kinetic-turtlebot-gazebo ros-kinetic-turtlebot-simulator ros-kinetic-turtlebot-description row-kinetic-turtlebot-teleport

通过上述过程,我们便在 Ubuntu 16.04 LTS 中安装了 TurtleBot 仿真环境。

2. 启动 TurtleBot 仿真环境

安装完 TurtleBot 程序包后,通过以下命令启动 TurtleBot 2 仿真环境。

$ roslaunch turtlebot_gazebo turtlebot_world.launch

这条命令可以启动 turtlebot_gazebo 程序包中的 ROS launch 文件。如果该仿真环境加载成功,将会看到图 5-30 所示的窗口。

第 5 章 基于 ROS 编程

图 5-30　TurtleBot 2 Gazebo 仿真环境窗口

注意：在 Gazebo 中加载仿真环境可能需要一段时间。由于一些 3D 网格文件处于下载状态，因此 Gazebo 窗口最初可能是黑色的。完成下载所需要的时间取决于当前网速。如果感到 Gazebo 卡顿，可按 <Ctrl + C> 组合键取消，然后重新启动。

如果要在环境中移动机器人，可打开一个新的终端，并执行以下命令：

$ roslaunch tuetlebot_teleop keyboard_teleop.launch

执行该命令后，终端上将打印图 5-31 所示的信息。用鼠标单击终端，并

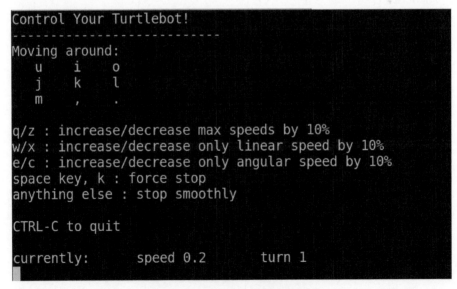

图 5-31　TurtleBot 2 遥控程序信息

按下终端上提示的按键，就可通过<I><J><L>键来移动机器人了。

按空格键可以停止机器人移动，按<Ctrl+C>组合键可终止模拟或遥控程序。

3. 使用 Python 节点控制移动一定的距离

这里，我们将使用 turtlesim 中的节点来使机器人移动一段特定长度的距离。我们可以通过修改 move_distance.py 节点中的内容来实现这一功能。

对 TurtleBot 来说，控制其速度的话题为/cmd_vel_mux/input/teleop，消息类型是 geometry_msgs/Twist。

机器人位置反馈的话题是/odom，消息类型为 nav_msgs/Odometry。

我们可以通过下述命令获得里程计的消息定义：

```
$ rosmsg show nav_msgs/Odometry
```

它是 ROS 内建的一个消息类型。

我们同样需要首先为这些消息导入对应的模块。这里，机器人的运动原理和在 turtlesim 中是一致的。其距离指的是全局距离，并且机器人初始坐标为 (0, 0, 0)。

```python
#! /usr/bin/env python
import rospy
from geometry_msgs.msg import Twist
from nav_msgs.msg import Odometry
import sys
robot_x = 0
def pose_callback(msg):
    global robot_x
    #从里程计消息中读取 x 位置
    robot_x = msg.pose.pose.position.x
    rospy.loginfo("Robot X =% f\n", robot_x)
def move_turtle(lin_vel, ang_vel, distance):
    global robot_x
    rospy.init_node('move_turtlebot', anonymous = False)
    # Twist 话题是/cmd_vel_muc/input/teleop
    pub = rospy.Publisher('/cmd_vel_mux/input/teleop', Twist, queue_size = 10)

    #位置话题是/odom
    rospy.Subscriber('/odom', Odometry, pose_callback)
    rate = rospy.Rate(10) # 10Hz
    vel = Twist()
```

```python
    while not rospy.is_shutdown():
        vel.linear.x = lin_vel
        vel.linear.y = 0
        vel.linear.z = 0
        vel.angular.x = 0
        vel.angular.y = 0
        vel.angular.z = ang_vel
        #rospy.loginfo("Linear Vel =% f:Angular Vel =% f",lin_vel,
         ang_vel)
        if(robot_x >= distance):
          rospy.loginfo("Robot Reached destination")
          rospy.logwarn("Stopping robot")
          break
          pub.publish(vel)
    rate.sleep()
if __name__ == '__main__':
  try:
        move_turtle(float(sys.argv[1]),float(sys.argv[2]),float(sys.argv[3]))
    except rospy.ROSInterruptException:
        pass
```

我们可采用以下命令来运行上面的代码：

$ roslaunch turtlebot_gazebo turtlebot_world.launch

这样便启动了 TurtleBot 仿真环境。如果此时使用启动文件，则不需要再去打开 roscore，因为 roslaunch 已经运行了 roscore。

使用下面的命令运行移动距离的节点，如图 5-32 所示。

$ rosrun hello_world move_turtlebot.py 0.2 0 3

4. 发现障碍物

运用同样的逻辑可以发现 TurtleBot 周围的障碍物。我们可以订阅 TurtleBot 中的激光雷达话题，它提供了机器人周围的障碍物的距离信息。

话题：/scan。

消息类型：sensor_msgs/LaserScan。

另外，可使用以下命令获取消息中的所有数据域。

$ rosmsg show sensor_msgs/LaserScan

在 ROS 中创建避障应用程序是一个非常好的练习题目，我们期望这部分内容读者能够自行完成。

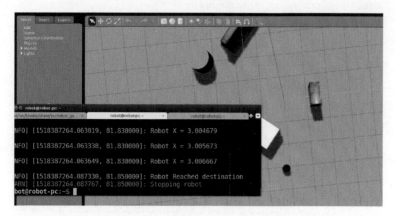

图 5-32　TurtleBot 2 从原点移动 3m 远

5.4　使用 ROS 对嵌入式板卡编程

我们已经了解了如何在 ROS 中对机器人编程及进行机器人仿真。现在我们将讨论如何搭建机器人硬件及使用 ROS 对其进行编程。

微控制器是机器人的核心部件之一。简单来说，微控制器就是一块芯片，我们可以在上面编写自己的代码，还可以配置芯片的引脚。微控制器有着广泛的应用。在机器人技术中，微控制器用于连接传感器，如超声波距离传感器、红外传感器等，还可以用来调节机器人电动机的速度。微控制器还可以通过串口与 PC 通信。

在本节中，我们将了解 ROS 和一些较为流行的微控制器通信的基础知识，如 Arduino（https://www.arduino.cc）、Tiva-C Launchpad（https://www.ti.com/tool/EK-TM4C123GXL），以及一些单片机，如 Raspberry Pi 3 板卡（https://www.raspberrypi.org）。

我们将从 Arduino 开始学习。

5.4.1　使用 ROS 连接 Arduino

Arduino 是基于微控制器平台开发的单板计算平台，可使用类似 C++的语言对其进行编程。市面上有各种各样的 Arduino 板可供使用（https://www.arduino.cc/en/Main/Products）。本书使用的是 Arduino Mega，可通过 https://store.arduino.cc/usa/arduino-mega-2560-rev3 购买。

图 5-33 所示为 Arduino Mega 2560 Rev3 板卡。

我们可以用个人计算机上对 Arduino 编程。用于 Arduino 的集成开发环境（IDE）可以通过 https://www.arduino.cc/en/Main/Software 下载得到。

第 5 章 基于 ROS 编程

图 5-33　Arduino Mega 2560 Rev3 板卡

启动 IDE 时，首先会看到图 5-34 所示的窗口。

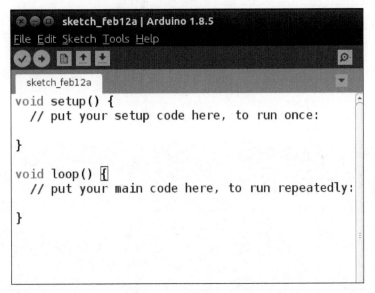

图 5-34　Arduino IDE 窗口

类似于 C++，Arduino 编程语言中也有很多函数库可用于简化编程任务。例如，用于与 PC 通信的函数库，向电动机驱动器发送速度指令的函数库，等等。

当然，其中也存在用于与 ROS 进行通信的库，它允许 Arduino 向 PC 发送消息。在 PC 端，这些消息通过话题进一步广播。利用这个通信库，Arduino 就可以和 ROS 节点一样进行话题的发布和订阅了。这里，Arduino 其实就是 ROS 的一个硬件节点。

143

下面将学习如何创建一个能够与 ROS 系统通信的 Arduino 库。

首先通过以下命令安装一个该通信库依赖的 ROS 包：

　　$ sudo apt-get install ros-kinetic-rosserial-arduino

然后打开 Arduino IDE，选择 File→Preferences 命令。系统会弹出一个图 5-35 所示对话框。

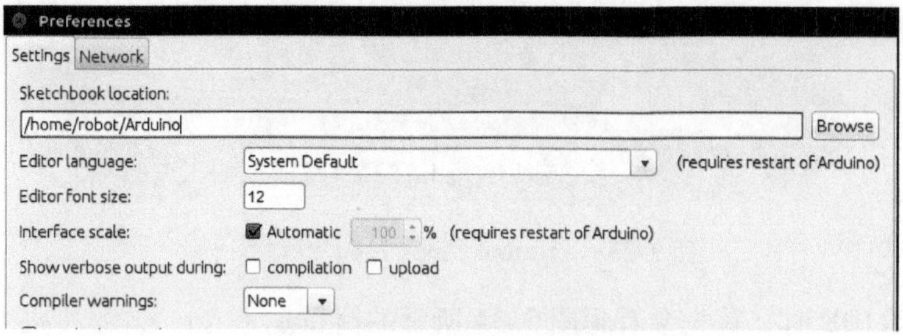

图 5-35　Preferences 对话框

打开一个新的终端，并将路径切换到 Preferences 对话框中 sketchbook location 文本框中的那个文件夹下。切换至上述文件夹后，将会看到另一个名为 libraries 的文件夹。接下来选择 libraries 文件夹并执行以下命令，输出如图 5-36 所示。

　　$ rosrun rosserial_arduino make_libraries.py.

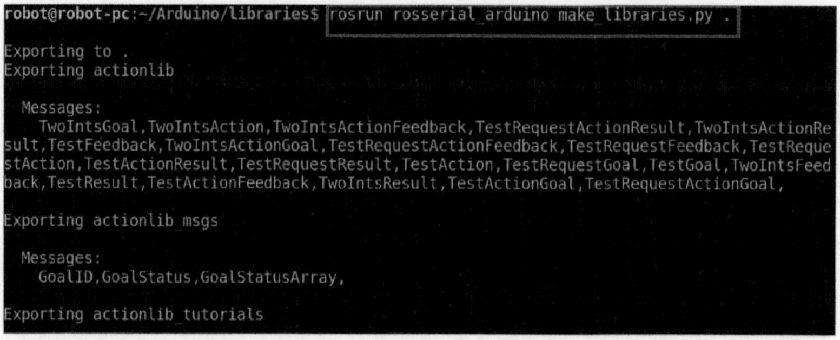

图 5-36　执行命令后的输出

运行以上命令后，终端将打印一些相关提示信息，这表示系统正在为 ROS 创建 Arduino 库。

完成该过程后，检查 libraries 文件夹。其中的 ros_lib 文件夹就是我们为 ROS 创建的 Arduino 库。

现在关闭 Arduino IDE 并重启，然后选择 File→Example→ros_lib 命令，会看到一个例程列表，这些例程演示了如何在 Arduino 中使用 ROS。接下来，我们将讨论一个基础例程：Blink。

Blink 是 Arduino 中的一个类似于 Hello World 的实例。当 Arduino 与 ROS 建立连接时，我们会在 Arduino 节点订阅 PC 端的一个话题。如果向该话题发布消息，LED 会被点亮，再次发布消息，LED 熄灭。

图 5-37 所示为 Arduino Blink 示例。

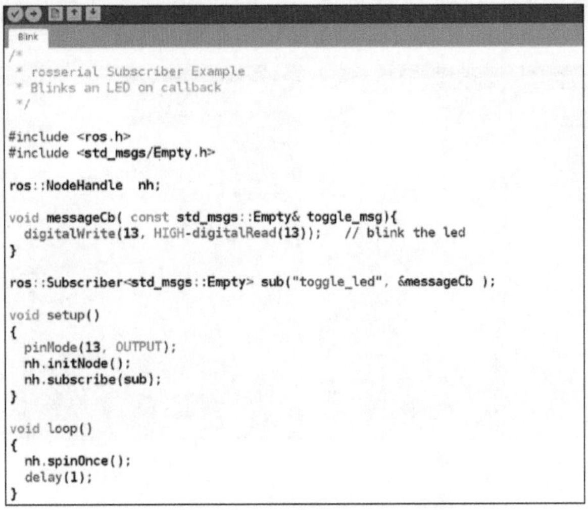

```
/*
 * rosserial Subscriber Example
 * Blinks an LED on callback
 */

#include <ros.h>
#include <std_msgs/Empty.h>

ros::NodeHandle  nh;

void messageCb( const std_msgs::Empty& toggle_msg){
  digitalWrite(13, HIGH-digitalRead(13));   // blink the led
}

ros::Subscriber<std_msgs::Empty> sub("toggle_led", &messageCb );

void setup()
{
  pinMode(13, OUTPUT);
  nh.initNode();
  nh.subscribe(sub);
}

void loop()
{
  nh.spinOnce();
  delay(1);
}
```

图 5-37　Arduino Blink 示例

代码的工作原理非常简单。我们首先创建了一个节点，然后订阅名为/togglr_led 的话题。当消息到达话题时，LED 点亮，而当下一个消息到达时，LED 熄灭。

将 Arduino 连接到 PC，然后将代码上传至 Arduino。

使用 dmesg 命令找到 Arduino 的串口，输出结果如图 5-38 所示。

```
$ dmesg
```

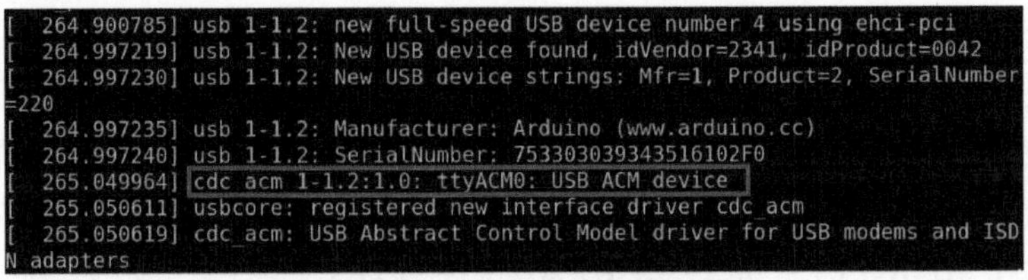

```
[  264.900785] usb 1-1.2: new full-speed USB device number 4 using ehci-pci
[  264.997219] usb 1-1.2: New USB device found, idVendor=2341, idProduct=0042
[  264.997230] usb 1-1.2: New USB device strings: Mfr=1, Product=2, SerialNumber
=220
[  264.997235] usb 1-1.2: Manufacturer: Arduino (www.arduino.cc)
[  264.997240] usb 1-1.2: SerialNumber: 75330303934351610 2F0
[  265.049964] cdc_acm 1-1.2:1.0: ttyACM0: USB ACM device
[  265.050611] usbcore: registered new interface driver cdc_acm
[  265.050619] cdc_acm: USB Abstract Control Model driver for USB modems and ISD
N adapters
```

图 5-38　dmesg 命令的输出结果

可以看到，Arduino 串口设备号为/dev/ttyACM0。

通过 $ sudo chmod 777/dev/ttyACM0 命令更改设备权限，然后从 Arduino IDE 中选择这个串口设备：Tools→Port→ttyACM0。

现在，我们可以编译这段代码，并将其上传至 Arduino 了。代码上传后，我们可以执行以下命令来查看 Arduino 中的话题。请在不同的终端中分别执行每条命令。

首先启动 roscore：$ roscore；然后在 PC 上打开串口服务器：$ rosrun rosserial_python serial_node.py /dev/ttyACM0；向 /toggle_led 话题发送消息：$ rostopic pub toggle_led std_msgs/Empty -- once。消息被接收后，LED 灯点亮；如果再次接收到该消息，则 LED 灯熄灭。图 5-39 所示为输出结果。

　　LED亮　　　　　　　　LED灭

图 5-39　LED 灯亮灭交替演示

在 http://wiki.ros.org/rosserial_arduino/Tutorials 上有更多关于 Arduino 和 ROS 连接使用的例子。

5.4.2　在树莓派上安装 ROS

树莓派是当下非常流行的一种单板计算机系统，适用于 DIY 项目和机器人技术。这种板卡不仅价格低，而且其配置对 DIY 项目来说非常合适。最新的树莓派 3 有以下几种配置。

片上系统的名称：Broadcom BCM2837。

CPU：4 核 ARM Cortex-A53，1.2GHz。

GPU：Broadcom VideoCore IV。

RAM：1GB LPDDR2（900MHz）。

网络：10/100 以太网，2.4GHz 802.11n 无线。

蓝牙：蓝牙 4.1 Classic，低功耗。

存储：micro SD。

GPIO：40-pin 引脚插头，板载。

树莓派 3 板卡如图 5-40 所示。

那么，怎样在这块板卡上安装操作系统及 ROS 呢？

接下来将介绍操作系统和 ROS 的具体安装过程。

图 5-40　树莓派 3 板卡

1. 在 Micro SD 卡上烧录 Ubuntu Mate 镜像

在树莓派 3 上安装操作系统需要用到一块容量大于 16GB 的 micro SD 卡。对树莓派 3 来说，建议使用等级 10 的 micro SD 卡。

可通过 http://a.co/1HyY8qr 购买该等级的 micro SD 卡。

我们可能还需购买 micro SD 卡读卡器或 SD 卡适配器，以便将卡插入便携式计算机。

可通过以下 GUI 工具来安装操作系统。

```
$ sudo apt-get install gnome-disk-utility
```

我们将在树莓派 3 上安装的操作系统是 Ubuntu Mate，可通过 https://ubuntu-mate.org/download/ 下载该操作系统镜像。

从列表中选择 Raspberry Pi 选项，下载镜像并打开 gnome-disk-utility。在其中选择 SD 卡驱动，然后选择 Restore image 选项，并导航至保存系统镜像的文件夹路径。最后加载镜像，进行烧录即可。

完成该过程后，拔出 SD 卡，然后插到 Raspberry Pi 3 上即可。

2. 启动 Ubuntu

插入 SD 卡后，我们为树莓派 3 接入一个 5V、2A 的电源，并将其通过 HDMI 连接到显示器上。同时，通过 USB 口将鼠标和键盘也连接上去。

整个系统准备完毕后，启动系统，进入 Ubuntu Mate 桌面。

3. 在树莓派上安装 ROS

我们可根据 http://wiki.ros.org/kinetic/Installation/Ubuntu 上的说明来安装 ROS。这些命令在 armhf 平台上都是一样的，因此也适用于 Raspberry Pi 3。

5.5 本章小结

本章主要讨论了 ROS 编程的相关问题。我们首先学习了如何创建 ROS 工作空间，然后了解了使用 C++ 和 Python 编写 ROS 节点的方法，并通过 C++ 和 Python 实现了一个简单的 ROS 节点。之后，我们围绕 ROS 启动文件展开了相关的讨论，并学习了如何将节点组织到启动文件中。我们还学习了在 ROS 中利用 turtlesim 实现一些有趣的应用，以及如何在 Gazebo 仿真环境中运行 TurtleBot。在本章最后，我们了解到如何使用 ROS 在 Arduino 和树莓派等嵌入式板卡上编程，这些知识在搭建机器人时将会非常实用。

下一章我们将讨论如何搭建一个轮式机器人的硬件系统，并为其部署基于 ROS 的应用软件。

第 6 章

基于 ROS 的机器人项目

上一章主要介绍了如何使用 ROS 客户端库（如 rospy 和 roscpp）进行编程。本章则会着重介绍如何将这些知识应用到一个真正的机器人上。本章中，我们将了解如何制作一个与 ROS 兼容的低成本、差速驱动机器人，还将学习如何使用 ROS 在机器人中执行航位推算算法。通过该项目，读者可以对 ROS 的相关概念有更加深刻的理解，并掌握如何在实际机器人开发中应用 ROS。

本章的学习需要以前面章节的内容为基础，因此想要完成此项目，需要较好地理解前 5 章的内容。在本项目中，我们需要手动组装机器人硬件，了解如何运用 Arduino 连接传感器、如何通过蓝牙连接 PC 和机器人，以及如何在 ROS 中创建机器人模型。最后我们将学习如何编写 ROS 节点来移动机器人并执行航位推算算法。

6.1 从轮式机器人开始

在可移动机器人中，轮式机器人是一个非常流行的种类。顾名思义，轮子是该类机器人的运动执行部分。差速驱动是轮式机器人中非常常见的也是非常简单的驱动方式。这种驱动方式中含有两个用于驱动机器人的主动轮，以及一个或多个用来辅助主动轮的被动轮。主动轮由电机驱动，被动轮则不需要。这里我们将学习如何搭建差速驱动机器人的硬件系统及编写基于 ROS 的配套软件。本章，我们将真正开始在实际机器人上应用 ROS 编程。

6.2 差速驱动机器人的运动学

我们将要构造的差速轮式机器人的差速驱动配置如图 6-1 所示。

在差速驱动中，机器人上的两个轮子相向连接在驱动装置上，一旦有动力驱动，轮子就可以转动。调节电动机的速度可以使机器人向不同的方向移动。

如果两个电动机以相同速度朝相同方向旋转，那么机器人就会向前或向后

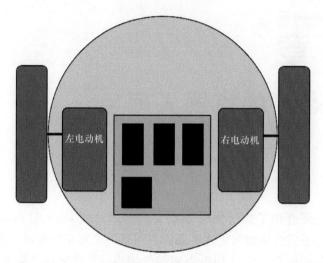

图 6-1 差速驱动配置

移动；如果左轮静止，右轮转动，机器人会绕左轮转动，反之同理；如果两个轮子以相同速度但朝相反的方向运动，机器人就会绕自身的轴旋转。我们可以通过调节电动机的转速和转向来改变机器人的位置和方向。

在此项目中，我们要把一个差速机器人从 A 点移动到 B 点。为了做到这点，首先需要通过车轮速度来测算机器人的确切位置和方向。那么究竟如何获得车轮速度呢？这时就需要借助一种名称为车轮编码器的传感器。车轮编码器可以统计车轮的旋转圈数，然后计算出机器人的速度，从而进一步得到机器人的位移和方向。

机器人的位置和方向可用 (x,y,z) 或 $(roll, pitch, yaw)$ 表示。其中，x，y，z 表示机器人的三维坐标，roll 指机器人的横滚角，pitch 指的是俯仰角，yaw 指的是偏航角。

现在假设在二维平面上有一个机器人。(x,y,θ) 即可表示机器人的位置，如图 6-2 所示，其中，θ 指的是 yaw，即机器人的偏航角，也就是机器人的朝向。

为了分析机器人的运动，例如，预测运动时的朝向和位置，我们需要求解机器人相关的运动学方程。机器人运动学主要研究机器人的运动状态（如位置和姿态），而不考虑状态改变的原

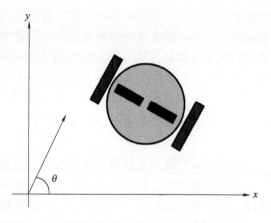

图 6-2 机器人在全局坐标系中的位置 (x,y,θ)

因（如速度和力）。它主要分为两种类型，即正运动学和逆运动学。运动学方程因机器人种类而异。

在差速驱动机器人中，正运动学定义如下：(x,y,θ) 为当前位置，t 为当前时间。如果已知左轮和右轮的速度 v_L、v_R，取 δt 为极小的时间间隔，则可通过运动学方程得到机器人在 $t+\delta t$ 时刻的位置 (x',y',θ')。

那么我们具体应该怎样计算机器人的位置 (x',y',θ') 呢？下面让我们分析一下差速驱动机器人的运动模型，如图 6-3 所示。

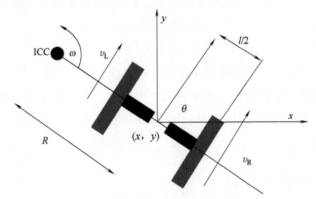

图 6-3 差速驱动机器人的运动模型

图 6-3 中给出了一些与机器人相关的参数，如两轮间距 l，速度 v_R 和 v_L。另外还给出了 3 个新的术语：R、ICC（瞬时旋转中心）和 ω。ICC 为运动过程中假设的旋转中心；R 为从 ICC 到机器人中心的距离；ω 是角速度。

图 6-4 所示是差速驱动机器人的另一种运动模型的图解说明。$\omega\delta t$ 为机器人

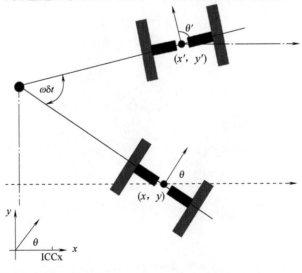

图 6-4 差速驱动机器人的另一种运动模型的图解说明

在一个时间段 δt 内的角位移。

图 6-5 所示为计算 (x', y', θ') 的公式,以及用来计算 R、$\omega \delta t$ 和 ICC 的坐标这 3 个参数的方程。

$$\begin{pmatrix} x' \\ y' \\ \theta' \end{pmatrix} = \begin{pmatrix} \cos(\omega \delta t) & -\sin(\omega \delta t) & 0 \\ \sin(\omega \delta t) & \cos(\omega \delta t) & 0 \\ 0 & 0 & 1 \end{pmatrix} \begin{pmatrix} x - \text{ICC}_x \\ y - \text{ICC}_y \\ 0 \end{pmatrix} + \begin{pmatrix} \text{ICC}_x \\ \text{ICC}_y \\ \omega \delta t \end{pmatrix}$$

$$R = l/2(n_L + n_R)/(n_R - n_L)$$

$$\omega \delta t = (n_R - n_L) \text{step}/l$$

ICC 的坐标为 $(x - R\sin\theta, y + R\cos\theta)$

图 6-5　差速运动学公式

图 6-5 中,n_R 和 n_L 分别为右轮和左轮上编码器的计数;step(步进)是指编码器在每计一个数时轮子所走过的距离。所以基本上来说,我们可以通过机器人当前位置、编码器计数、步进距离和轮间距等参数来计算出机器人下一时刻的位置。

6.3　搭建机器人硬件

本节主要介绍差速驱动机器人硬件的详细搭建方法。

制作机器人并不需要从零开始,相反,我们可以去机器人平台购买一些低成本组件,通过传感器整合使其工作。图 6-6 所示是我们将使用的双轮驱动(2WD)机器人的标准套件。

图 6-6　2WD 机器人套件

6.3.1 购买机器人组件

本小节介绍需要购买的机器人组件。

1. 机器人底盘

2WD 套件包含一个塑料底盘、一对塑料齿轮电动机、一个脚轮（万向轮）、一个圆盘编码器，以及必要的螺母、螺栓和螺钉。图 6-7 所示为套件中的所有组件。

图 6-7　2WD 机器人套件中的所有组件

该套件在大多数机器人网站上均有销售，这样的套件价格大约为 12 美元。

2. 其他规格的电动机和车轮

除了使用套件中的电动机和车轮外，我们也可以另外购买特定规格的电动机和车轮。这里我们使用的是 100r/min 的电动机和直径为 6.5cm 的轮子。

3. 电动机驱动器

电动机驱动器本身是一块电路板，它通过输入 PWM 信号来调节电动机速度。我们在本项目中将使用图 6-8 所示的 L298 电动机驱动器。

该驱动器使用的是 298N 芯片（https://www.sparkfun.com/datasheets/Robotics/L298_H_Bridge.pdf），输入电压为 5~35V，最大驱动电流为 2A。它可以同时控制两个电动机，因此我们仅需要一个这样的驱动器。购买该驱动器时可参考网址：http://a.co/0a3dJR8。

4. 磁式正交编码器

需要一个重要的传感器来测量机器人每个车轮所经过的距离。市场上有多

图 6-8　L298 电动机驱动器

种车轮编码器，其中最常用的是光学编码器和正交编码器。光学编码器利用红外 LED 来监测车轮的转动情况。磁式正交编码器则利用霍尔效应传感器来检测旋转情况。它可监测车轮的前后移动，例如，车轮向前移动时，计数增加；向后移动时，计数减少。而大多数的光学编码器需要进行一定的逻辑运算处理才能得出车轮的运动方向。

在该机器人中，我们使用一种简单的磁式编码器，以及霍尔效应传感器和可连接到轮轴的磁盘。

我们购买了一套低价的编码器套件。图 6-9 所示为该编码器包，其中包含两个磁盘和两个霍尔效应传感器，可用于差速驱动机器人。

图 6-10 所示为如何连接车轮磁盘和霍尔效应传感器，务必确保霍尔传感器在磁盘附近。一对编码器约合 10 美元，可在 www.sparkfun.com/products/12629 上购买。

以下网站提供了更多关于不同类型的编码器信息：

https：//www.anaheimautomation.com/manuals/forms/encoder-guide.php#st-hash.6YmwLmvD.dpbs。

5. 板载计算机

我们将使用 Arduino Mega 2560 来控制机器人电动机及获取传感器数据，它在多个网站均有销售，如 https：//www.robotshop.com/en/arduino-mega-2560-microcontroller-rev3.html。

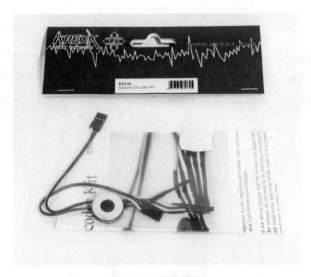

图 6-9 编码器包

图 6-10 连接车轮磁盘和霍尔效应传感器

6. 蓝牙模块

我们将使用蓝牙实现与机器人的通信,其中被广泛使用的一款低成本蓝牙模块叫作 HC-05 Bluelink 5V TTL(见图 6-11)。该模块可以兼容 Arduino。市面上还有其他蓝牙模块可供购买,但它们都在 3.3V 电压下工作,为保证其正常工作,还需要购置电压转换器模块。

该蓝牙模块可以通过以下链接购买:

https://www.rhydolabz.com/wireless-bluetooth-ble-c-130-132/hc05-bluelink-5v-ttl-p-1726.html。

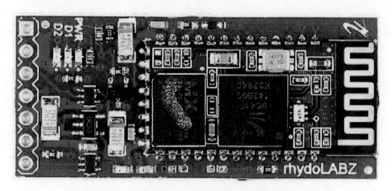

图 6-11　HC-05 Bluelink 5V TTL 蓝牙模块

7. 超声波距离传感器

我们将选择一款非常流行的低成本超声波距离传感器 HC-SR04 以用于探测障碍物（见图 6-12）。机器人如果在行进路径上遇到了障碍物，就会停止运动。

图 6-12　HC-SR04 超声波距离传感器

超声波距离传感器含有两个组件：发射器和接收器。探测距离是基于发射信号与接收信号之间的时间间隔计算得到的。

可在网站 https://www.robotshop.com/en/he-sr04-ultrasonic-range-finder.html 上购买超声波距离传感器。

这里，我们只在机器人平台的前端安装一个超声波距离传感器。

6.3.2　机器人模块框图

图 6-13 所示为我们将要设计的机器人的模块框图。

两个电动机分别连接在 L298 H-Bridge 上，由于它们位于机器人两端对位

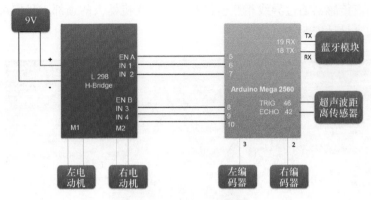

图 6-13 机器人的模块框图

置，所以连接时极性需要反相放置。

为了能够控制 H-Bridge，我们还需要在 H-Bridge 和 Arduino 间建立一些连接，主要是对使能引脚和输入引脚进行连线。使能引脚可以控制 H-Bridge，两个输入 IN 引脚可以控制电动机旋转的方向。两个电动机共计 6 个控制引脚。建立连接后，Arduino 就可以向这些引脚发出适当的信号来控制电动机的运动了。

接下来要连接的是车轮编码器。车轮编码器中含有 3 个引脚：VCC、GND 和输出引脚。将 VCC 和 GND 连接至 Arduino VCC 和 GND 上，将两个编码器（即左编码器和右编码器）的输出引脚连接到 Arduino 板（即图 6-13 中的 Arduino Mega 2560 板，下同）的 2、3 引脚上。

蓝牙模块有 4 个引脚：VCC、GND、TX 和 RX。TX 和 RX 分别为发送引脚和接收引脚。务必将蓝牙模块的 TX 引脚与 Arduino 板上的 RX 引脚连接，将 RX 引脚与 Arduino 板上的 TX 引脚连接。与编码器一样，VCC 和 GND 之间为 5V 电压。

超声波距离传感器共有 4 个引脚：VCC、GND、TRIG 及 ECHO。触发引脚 TRIG 用于发射信号，回波引脚 ECHO 用于接收返回的信号。

接下来，我们将讨论各个组件所需要的电压。电动机的正常工作电压为 5~9V，因此需要保证电动机驱动器的供电电压处于这一范围内。其他所有组件都在 5V 条件下工作。请按以上要求配置电源以保证各个组件的正常运行。所有组件的 GND 还需要相互连接在一起。我们可通过电池或一个 9V（或 12V）的直流有线适配器来给机器人供电。采用有线电源可比较方便地对机器人进行测试。

6.3.3 组装机器人硬件

组装好的机器人如图 6-14 所示。Arduino 板、电动机驱动器、蓝牙模块及超声波距离传感器通过导线相互连接并被固定在机器人的顶部。我们可根据自己的想法来设计安装各个组件。

图 6-14　组装好的轮式机器人

6.4　使用 URDF 创建一个三维 ROS 模型

组装好机器人后，我们可以开始对机器人编程了。

编程的第一步是在 ROS 中为机器人建立模型，该模型通常被称为 URDF（Unified Robot Description Format）。URDF 中含有关于 3D 机器人模型的所有信息，包括关节（Joint）、连杆（Link）、传感器（Sensor）、驱动器（Aactuator）、控制器（Controller）等的详细描述。

下面我们将为机器人创建一个 URDF 模型。该模型包括机器人的三维空间信息，以及其所有的关节和连杆信息。

URDF 其实是一个 XML 文件，其中的关节和连杆都由 XML 标签（http://wiki.ros.org/urdf）来代指。URDF 的另一种表示方法称为 Xacro（http://wiki.ros.org/xacro）。在 Xacro 中，我们可以使用 URDF 创建宏定义，这可以使 URDF 代码更加简短且便于复用。关于 URDF 的教程可以在 ROS 的维基百科上搜到：http://wiki.ros.org/urdf/Tutorials。

以下为 URDF 中标签 tags 的基本用法。

```
<!--Definition of Robot link-->
<link name="my_link">
  <inertial>
  ...
  </inertial>
```

```
    <visual>
    ...
    </visual>
    <collision>
    ...
    </collision>
</link>

<!-- Definition of joint -->
<joint name="joint_name" type="joint_type">
    <parent link="parent_link_name"/>
    <child link="child_link_name"/>
</joint>
```

我们在 <link> </link> 标签之间定义机器人连杆,其中包含惯性参数、碰撞属性及几何外观。外观可以通过几何信息描述的方式或三维网格文件的形式呈现。

使用 URDF 创建的机器人模型通常被存储在 ROS 程序包中,命名格式为"robot_name_description"。

本章中使用的双轮机器人模型被保存在一个名为"mobile_robot_description"的程序包中。我们可以在 github 中名为 chapter_6 的文件夹(链接网址为 https://github.com/Apress/Robot-Operating-System-Abs-Begs)中找到这个包。URDF 文件的存储路径为 mobile_robot_description/urdf/robot_model.xacro。

下面我们详细介绍一下 robot_model.xacro 中的几个重点组成部分。

```
<?xml version="1.0"?>
<robot name="mobile_robot" xmlns:xacro="http://ros.org/wiki/xacro">

    ...

</robot>
```

URDF 和 Xacro 本质上都是 XML 文件,所以如上述代码所示,这两种文件的文件头都是 XML 的版本号。

我们可以在 <robot> </robot> 标签之间定义机器人模型。连杆和关节的定义便在这两个标签之间。

```
<link name="base_footprint"/>
<joint name="base_joint" type="fixed">
    <origin xyz="0 0 0.0102" rpy="0 0 -${M_PI/2}"/>
```

```xml
<parent link="base_footprint"/>
<child link="base_link"/>
</joint>
```

在上面的代码片段中,我们可以看到 base_footprint 的连杆定义及名为 base_joint 的关节定义。通常,我们会创建一个名为 base_footprint 的假想连杆以作为其他连杆的参考。

"base_footprint"连杆定义之后便是机器人 base_joint 关节的定义。关节即为两个连杆的连接部分。这里,base_joint 包括两个连杆,分别为 base_footprint 和 base_link。其中 base_link 的定义如下。

```xml
<link name="base_link">
  <visual>
    <geometry>
      <!--new mesh-->
<mesh filename="package://mobile_robot_description/meshes/body/chasis.dae" scale="0.001 0.001 0.001"/>
    </geometry>
        <origin xyz="-0.07 -0.12 0" rpy="0 0 0"/>
</visual>
<collision>
<geometry>
        <box size="0.14 0.23 0.1"/>
</geometry>
<origin xyz="0.0 -0.02 0" rpy="0 0 0"/>
</collision>
<inertial>
<!--具体原点位置需要根据实验得到-->
<origin xyz="-0.07 -0.12 0"/>
<mass value="2.4"/><!-- 如果是小电池包,可以设置为 2.4kg;如果是大电池包,可以设置为 2.6kg-->
<inertia ixx="0.019995" ixy="0.0" ixz="0.0"
     iyy="0.019995" iyz="0.0"
     izz="0.03675"/>
</inertial>
</link>
```

base_link 的定义中包括连杆的外观、碰撞参数及惯性参数。在 visual(外观)的定义中涉及一个网格文件,它表示在可视化机器模型时用这个网格文件作为该连杆的外观。这里的网格文件是一个没有轮子的机器人底盘,它是机器人的 base_link。定义中还包含了连杆的位姿和原点。

第6章 基于ROS的机器人项目

以下代码片段展示了如何定义车轮的关节。车轮的关节一般为旋转关节，但在此项目中我们设置为固定关节，仅仅是为了可视化。

```
<joint name="left_wheel_joint" type="fixed">
<origin xyz="-0.06 0 0" rpy="0 0 0"/>
<parent link="base_link"/>
<child link="left_wheel_link"/>
<axis xyz="1 0 0"/>
<limit effort="100" velocity="100"/>
<joint_properties damping="0.0" friction="0.0"/>
</joint>
```

以下代码展示了如何使用几何体作为模型的外观。ROS内置了一些原始的几何体，圆柱便是其中之一。

```
<visual>
<origin xyz="0 0 0" rpy="0 ${M_PI/2} 0"/>
<geometry>
  <cylinder radius="0.0325" length="0.02"/>
</geometry>
<material name="black"/>
</visual>
```

机器人模型文件可以在Rviz中打开。因此为了可视化该模型，我们需要将"mobile_robot_description"程序包复制到catkin_ws/src文件夹中，并使用catkin_make进行编译。然后通过以下命令在Rviz中查看该机器人模型：

```
$ roslaunch mobile_robot_description view_robot.launch
```

图6-15所示为在Rviz中打开的机器人URDF模型。我们可使用鼠标改变相机视角来从不同的角度观察它。

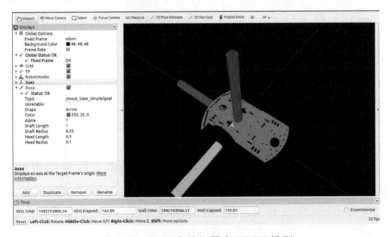

图6-15　Rviz中的机器人URDF模型

161

我们还可以浏览一下 launch 文件，看看是怎样实现在 Rviz 中将机器人可视化的。该文件的路径为 mobile_robot_description/launch/view_robot.launch。

```
<launch>
<arg name = "model"/>
<!--解析 Xacro 并设置 robot_description 参数-->
<param name = "robot_description" command = "$(find xacro)/xacro.py
$(find mobile_robot_description)/urdf/robot_model.xacro"/>
<!--启动 robot_state_publisher,发布 tf 坐标转换消息-->
<node name = "robot_state_publisher" pkg = "robot_state_publisher"
type = "state_publisher"/>
<!--启动 Rviz 并可视化机器人模型-->
<node name = "rviz" pkg = "rviz" type = "rviz" args = "-d $(find mobile_
robot_description)/config/robot.rviz" required = "true"/>
</launch>
```

可以看到，我们首先在 launch 文件中以 ROS 参数名为 "robot_description" 的形式加载 Xacro 文件。然后 robot_state_publisher 节点将机器人模型中的关节状态发布至/tf（http://wiki.ros.org/tf）话题。该话题在进行更高级的数据处理时是非常有用的。最后通过加载文件夹 mobile_robot_description/config 中已保存好的配置文件来启动 Rviz。

6.5 编写机器人固件程序

本节主要介绍如何连接机器人的传感器和驱动器。我们使用的板载计算机是 Arduino Mega 2560，并且已将传感器连接到了对应的 Arduino 引脚上。现在我们需要在 Arduino 中编写代码来从传感器中获取数据及实现与 PC 的通信。

Arduino 固件程序存储在文件夹 chapter_6/Arduino_Firmware/final_code 中。这是一段非常冗长的代码，我们只从中摘取重要的片段和算法加以讲解。在这之前，我们先编译一下代码。

编译代码之前还需要做一些必要的预配置。

这里需要用到以下两个函数库来编译固件。

- New Ping。https://playground.arduino.cc/Code/NewPing。
- Messenger。https://playground.arduino.cc/Code/Messenger。

本项目中所用函数库存储于 chapter_6/Arduino_Firmware 文件夹中。

我们需要将这些软件包复制到 <sketch_book_location>/libraries 中。现在我们可以在 Arduino 集成开发环境中打开固件程序，然后编译并将它烧录到 Arduino 板中。

下面让我们看一下 Arduino 的固件代码，图 6-16 所示为该代码的主要逻辑框图。

第一步，我们将讨论 Arduino 代码中的 setup( ) 函数。它的主要任务是对串口、传感器和驱动器等进行初始化。如图 6-16 中的框图所示，我们在 setup( ) 函数中的第一步便是对串口通信进行了初始化。当前固件接收到的所有传感器信息都将被发送至 Arduino 的串口通信引脚（TX、RX）上。串口引脚与蓝牙模块连接，因此对于任何设备（如 PC 或智能手机），只要能够与该蓝牙模块建立连接，就可以读取机器人中的所有数据，或者向机器人发送数据。这里我们使用 PC 与机器人中的 Arduino 通信。两者间进行串口通信应将波特率初始化为同一个特定值。

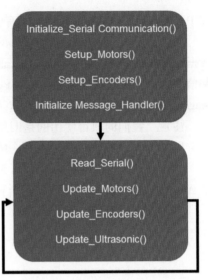

图 6-16　Arduino 固件代码的主要逻辑框图

第二步是对电动机驱动器的初始化。在此初始化步骤中，我们需要为驱动器分配 Arduino 引脚，以便向其发送控制指令。这里一共需要指定 6 个引脚以用于电动机控制。其中 4 个用于两个电动机的方向控制，另外两个用于电动机的速度控制。向电动机驱动器的使能引脚发送 PWM 信号可实现电动机的速度控制，其中 PWM 信号可由 Arduino 引脚产生。

第三步是对编码器的初始化。这一过程需要从 Arduino 中为编码器分配两个用于硬件中断的输入引脚。这两个引脚也被称作 Arduino 的中断引脚。当连接编码器的引脚信号发生变化时，便会产生中断。不同 Arduino 板上的硬件中断引脚的编号是不同的，请注意阅读 Arduino 板的说明书以确定相应的引脚类型。通过使用这种方法，我们便可以对编码器脉冲进行计数。

以下代码片段显示了编码器引脚是如何配置的。

```
//左电动机编码器
pinMode(MOTOR_ENCODER_LEFT,INPUT);
digitalWrite(MOTOR_ENCODER_LEFT,HIGH);
attachInterrupt(MOTOR_ENCODER_LEFT_NO,Count_Left,CHANGE);
//右电动机编码器
pinMode(MOTOR_ENCODER_RIGHT,INPUT);
digitalWrite(MOTOR_ENCODER_RIGHT,HIGH);
attachInterrupt(MOTOR_ENCODER_RIGHT_NO,Count_Right,CHANGE);
```

Arduino 中的 attachInterrupt( ) 函数用于在相应的引脚上创建中断。注意，硬件中断并不支持 Arduino 板上的所有引脚,用于硬件中断的引脚数目是有限的。

第四步是对 Messenger_Handler 的初始化,该函数可以非常方便地用于串口数据的接收及解码。经由蓝牙串口通信,Arduino 可能会从 PC 端收取大量的控制信息指令,因此我们必须对来自 PC 的消息进行解码以提取其中的数据。Messenger_Handler 可以帮助我们实现这一功能,它位于 Arduino Messenger 库中。

注意,我们的项目使用的是旧版本的 Messenger 库。

以下为 Messenger_Handler 的初始化方法。

Messenger_Handler.attach(On Mssage Completed);"On Mssage Completed"是 Arduino 接收到串口数据后要执行的回调函数。回调函数定义如下。

```
void On Mssage Completed()
{
char reset[] = "r";
char set_speed[] = "s";

if(Messenger_Handler.checkString(reset))
{
  Serial.println("Reset Done");
  Reset();
}
if(Messenger_Handler.checkString(set_speed))
{
  //在这里设置速度
  Set_Speed();
  //返回
}
}
```

我们必须向 Arduino 发送特定格式的数据,才能够被 Message 库正确解码。数据格式为"name value1 value2 valuen \ r"。

我们必须给定数据名称及其数值,然后结尾处还必须加上回车符(\ r)。

在上述程序中,我们用到了两个字符"r"和"s"。"r"用于系统复位,"s"用于电动机转速设置。例如,可通过以下方式向 Arduino 发送电动机指令:

```
s 100 200\r
```

左轮转速被设置为 100,右轮转速设置为 200。

完成初始化之后,在 loop 函数中,我们使用 Read_From_Serial()读取串口数据,并使用以下函数将数据传递给 Messenger Handler:

```
Messenger_Handler.process(data);
```

通过蓝牙从 PC 上获取串口消息后,就可以解码速度命令和复位命令了。

同样，我们还可以通过以下格式向 PC 发送传感器数据。这一格式为：

name value1 value2\n

车轮编码器和超声波距离传感器的数值可以通过蓝牙传输到 PC 上。

以上即为机器人固件程序的主要逻辑流程。

6.6 使用 ROS 对机器人编程

PC 发送到机器人上的主要数据是左右电动机的速度命令和复位命令。而我们从机器人中接收到的数据主要为车轮编码器和超声波传感器的数值。

机器人数据的接收和发送是通过一个名为 ROS Bluetooth driver 的 ROS 节点完成的。该节点是用于本项目的一个自定义节点。

ROS Bluetooth driver 节点能与 Linux 中的蓝牙驱动通信，从而实现数据的收发。在获取数据之后，该节点便可以向相关话题广播消息了。这里将更详细地介绍这一节点的相关内容。

PC 端运行的节点被保存在一个独立的程序包中，其存储路径为 chapter_6/mobile_robot_pkg/scripts/。我们可将 mobile_robot_pkg 复制到 catkin_ws/src 文件夹中，然后使用 catkin_make 编译程序包。该程序包中不含 C++文件，因此编译过程仅仅是将该程序包添加到系统可见路径中，这样我们就可以方便地访问其中的每个节点了。

6.6.1 为机器人创建基于 ROS 的蓝牙驱动器

我们可以在以下路径中找到蓝牙驱动器节点的源码。

mobile_robot_pkg/scripts/robot_bt_driver.py

为运行该节点，首先需要安装 Ubuntu 软件包，命令如下。

$ sudo apt-get install python-bluez

python-bluez 软件包是一个能够处理蓝牙通信的 Python 模块，名为"bluetooth"。我们可以使用这个模块访问连接到 PC 的蓝牙设备。

图 6-17 所示为蓝牙驱动器 ROS 节点的工作原理。在初始化阶段，驱动器节点将尝试连接 Arduino 上的蓝牙设备。我们需要为其指定目标蓝牙设备的 MAC 地址。

为了保证连接到机器人上的蓝牙设备，

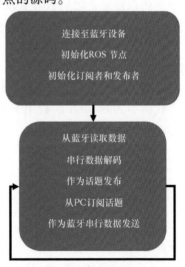

图 6-17 蓝牙驱动器 ROS 节点的工作原理

我们需要让机器人处于通电状态，然后使用 Ubuntu 中的 blueman 工具将 PC 上的蓝牙设备与机器人配对，命令如下。

```
$ sudo apt-get install blueman
```

安装完毕后，可在 Unity 中搜到 blueman 应用程序。启动该应用程序后便可以开始搜索、配对目标蓝牙设备。

图 6-18 所示为蓝牙管理器，在其中可搜索到蓝牙设备并与之配对。

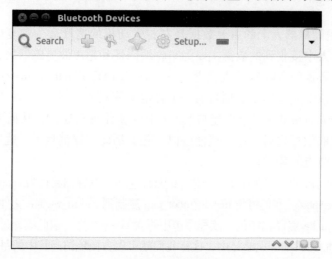

图 6-18　蓝牙管理器

与机器人配对后，请注意机器人蓝牙设备的 MAC 地址并在蓝牙驱动器节点中更新该地址，之后该节点便能连接上这台设备。以下是蓝牙驱动器节点的代码，详细解释了机器人的蓝牙模块是如何跟 PC 建立连接并被访问到的。

我们可以从代码中快速地识别出如下代码，它是用来设置机器人蓝牙设备的 MAC 地址的。

```
bluetooth_mac='20:16:04:18:61:60'
```

代码中的 connect 函数用于 PC 蓝牙和机器人蓝牙的连接。

```
def connect():
    global bluetooth_mac
    global bluetooth_serial_handle
    while(True):
        try:
            bluetooth_serial_handle = bluetooth.BluetoothSocket (bluetooth.RFCOMM)
            bluetooth_serial_handle.connect(bluetooth_mac,1)
            break;
        except bluetooth.btcommon.BluetoothError as error:
```

```
        bluetooth_serial_handle.close()
        rospy.logwarn("Unable to connect,Retrying in 10s...")
        #print"Could not connect:",error,"; Retrying in 10s..."
        time.sleep(10)
    return bluetooth_serial_handle;
bluetooth_serial_handle = connect()
```

以上代码将一直尝试与目标蓝牙设备建立连接,直到按<Ctrl+C>组合键停止尝试。

下面的代码定义了一些发布器和订阅器,用来发布 PC 端接收到的传感器消息,以及接收需要向机器人广播的命令消息。

```
#订阅器和发布器列表
left_speed_handle = rospy.Publisher('left_speed',Int32,queue_size=1)
right_speed_handle = rospy.Publisher('right_speed',Int32,queue_size=1)
left_encoder_handle = rospy.Publisher('left_ticks',Int32,queue_size=1)
right_encoder_handle = rospy.Publisher('right_ticks',Int32,queue_size=1)
imu_yaw_handle = rospy.Publisher('yaw',Float32,queue_size=1)
imu_pitch_handle = rospy.Publisher('pitch',Float32,queue_size=1)
imu_roll_handle = rospy.Publisher('roll',Float32,queue_size=1)
imu_data_handle = rospy.Publisher('imu_data',Vector3,queue_size=1)
ultrasonic_handle = rospy.Publisher('obstacle_distance',Int64,queue_size=1)

#订阅器
rospy.Subscriber('/set_speed',Int32MultiArray,speed_send)
rospy.Subscriber('/reset',Int32,reset_robot)
```

以下函数用于向目标蓝牙设备发送数据:

```
bluetooth_serial_handle.send(str(send_data))
```

decode_string()函数可解析来自蓝牙串口的数据并将其以列表的形式存储,然后 publish_topics()函数读取该列表并发布相关话题。

串口数据的解码和话题的发布是在一个连续的循环中完成的,可通过按<Ctrl+C>组合键随时终止。

图 6-19 列出了 ros_bluetooth_driver 节点发布和订阅的话题。

我们可以通过以下命令启动蓝牙驱动器节点。

启动 roscore:

```
$ roscore
```

启动蓝牙驱动器节点:

```
$ rosrun mobile_robot_pkg robot_bt_driver.py
```

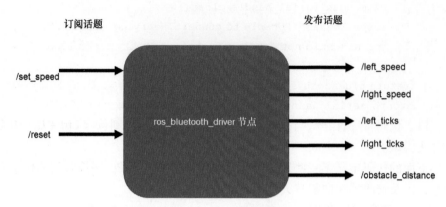

图 6-19　ros_bluetooth_driver 节点发布和订阅的话题

6.6.2　teleop 节点

Keyboard teleop 节点的功能是通过键盘来遥控机器人，可用于验证机器人是否正常工作并沿正确方向运动。此处的 teleop 节点与 turtlesim 中的相似。

Keyboard teleop 节点储存在 chapter_6/mobile_robot_pkg/scripts/robot_teleop_key 中。该节点为 Python 节点，如图 6-20 所示。

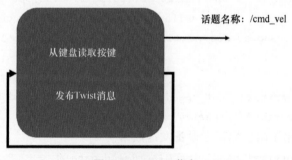

图 6-20　teleop 节点

6.6.3　传送至 Motor velocity 节点的 Twist 消息

twist-to-motor 速度节点可将 ROS Twist 消息（geometry_msgs/Twist）转换为电动机速度消息。该节点输出的是一种含有左右电动机速度数据的 std_msga/Int32MultiArray 消息。

我们可以在 chapter_6/mobile_robot_pkg/scripts/twist_to_motors.py 找到此消息代码。

图 6-21 所示为该节点的输入和输出，它通过运动学方程对 twist-to-motor 速度节点消息进行转换。

图 6-21 twist-to-motor 速度节点

6.6.4 里程计节点

里程计（Odometry）节点是航位推算项目中一个重要的 ROS 节点。该节点通过订阅左右编码器的脉冲信息计算里程计数据。里程计数据记录的是机器人的相对位置，即机器人相对于其起始位置的坐标。我们将利用里程计中的数据移动机器人并使其旋转到指定的角度。里程计节点通过运动学公式来计算机器人的位置，可从 /odom 话题中获取该里程计数据（如图 6-22 所示）。

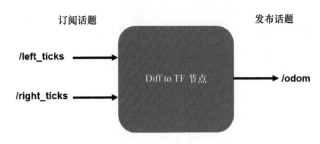

图 6-22 Diff to TF 节点

左右编码器脉冲的数据（tick）为 std_msgs/Int32 消息类型，/odom 为 nav_msg/Odometry 消息类型。我们可在 mobile_robot_pkg/scripts/diff_tf.py 中查看 Odometry 节点。

6.6.5 航位推算节点

航位推算节点是本项目中讨论的最后一个节点，它共订阅了 3 个话题：/odom，用于获取机器人位置；/obstacle-distance 话题，用于机器人避障；/move_base_simple/goal，机器人要去的目标位置。

图 6-23 所示为航位推算节点。

计算出需要移动的距离后，该节点会向机器人发送恰当的速度命令，使得机器人移动到目标位置。目标位置可以通过 Rviz 控制面板设置，Rviz 中含有

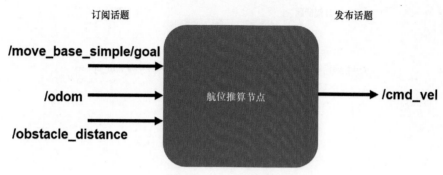

图 6-23 航位推算节点

一个专门用于设定目标位置的按钮。

航位推算节点的工作原理如下。

当机器人获取目标坐标位置 (x, y, θ) 后，该节点会发送 Twist 消息来旋转机器人，使它朝向目标点。该旋转通过/odom 话题的位置 (x, y) 和姿态 (θ) 反馈来实现。与目标对齐后，节点开始发送线速度命令，使机器人沿直线运动，同时接收/odom 话题的反馈，以确保到达目的地。任务完成后，机器人停止运动。

在具体实现中，我们给目标位置赋予了一定的容错范围。其实，机器人不会准确地到达目标位置，而是可能会出现一些偏移，所以在该过程中需要将目的地设置成目标位置周围的一个小范围区域。

如果机器人前存在障碍物，该节点会将速度命令调整为零，这样机器人便会停止前进，以免发生碰撞。

6.7 最终运行

本节主要介绍如何测试机器人。请确保蓝牙驱动器节点正常运行并且可以成功订阅到相关话题。如果它可以正常工作，请遵循以下步骤启动机器人。

首先将 PC 和机器人进行配对，并启动蓝牙驱动器节点以检测是否连接成功。然后关闭该节点，并运行以下 launch 文件启动所有节点。

在 PC 端启动 robot_stand alone. launch 文件的命令如下。

```
$ roslaunch mobile_robot_pkg robot_standalone.launch
```

该命令可以启动项目中所有的 ROS 节点，然后使用以下命令启动 Rviz。

```
$ rosrun rviz rviz
```

从 mobile_robot_description/config/robot.rviz 中加载配置文件，将会看到图 6-24

所示的机器人模型。

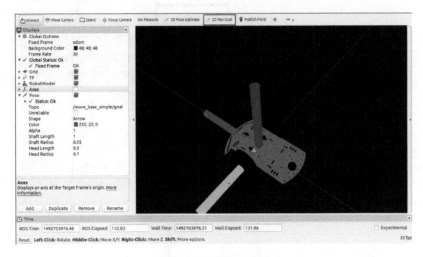

图 6-24　机器人模型

现在，单击图 6-24 中顶部的 2D Nav Goal 按钮，为机器人设定目标位置（见图 6-25）。

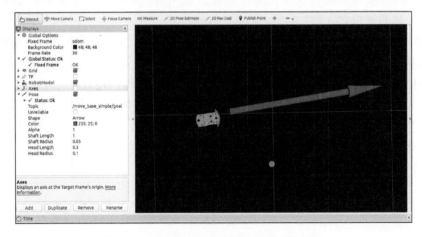

图 6-25　在 Rviz 中为机器人设定目标位置

图 6-26 所示为航位推算项目中各节点间的交互关系。

如果你想遥控该机器人，可以使用如下命令。

$ roslaunch mobile_robot_pkg keyboard_teleop.launch

这个命令中的启动文件可以启动蓝牙驱动器节点、twist-to-motor 节点和键盘 teleop 节点，其中，键盘节点允许我们通过键盘控制机器人。

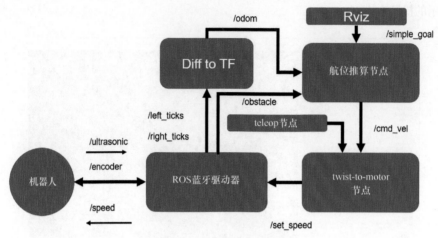

图 6-26 节点间的交互关系

6.8 本章小结

本章主要围绕一个使用 ROS 的机器人项目展开，主要目的是让读者在真实的机器人项目中获得 ROS 的应用经验。该项目要求制作一个由 ROS 接口控制的差速驱动机器人。

本章以项目中所需要的机器人硬件为切入点，给出了搭建机器人原型所必需的基本组件。这些组件可以在市场上以较低的价格买到。正确连接好机器人组件后，介绍了如何创建用于移动机器人的 ROS 软件，接着介绍了如何创建机器人的 URDF 模型，以及如何编写控制机器人的嵌入式程序。之后介绍了如何用 Python 编写 ROS 节点，用于接收 Arduino 的数据，并在 Rviz 工具中显示。最后对机器人进行了测试，并介绍了如何使用 Rviz 控制机器人的移动。